Die moderne Vorkalkulation in Maschinenfabriken

Handbuch zur Berechnung der Bearbeitungszeiten an Werkzeugmaschinen auf Grund der Laufzeitberechnung nach modernen Durchschnittswerten; für den Gebrauch in der Praxis und an technischen Lehranstalten

von

M. SIEGERIST
technischer Kalkulator

unter Mitarbeit

von

F. BORK
Betriebsingenieur

Fünfte verbesserte Auflage

mit 72 Abbildungen und Skizzen und 81 Tabellen

VERLAG VON M. KRAYN
BERLIN W.
1920

Druck von Rosenthal & Co., Berlin NW 21

Vorwort zur 2. Auflage.

Der Grundgedanke für die Herausgabe meines Buches, sowohl dem Betriebsingenieur und dem Werkmeister, als auch dem berufsmäßigen Kalkulator ein brauchbares Hilfsmittel zur genauen Vorherbestimmung der Akkordpreise in der mechanischen Werkstatt zu bieten, hat in einer meine Erwartungen übertreffenden Weise in den weitesten Fachkreisen Anklang gefunden. Nachdem noch nicht ein Jahr nach dem Erscheinen der 1. Auflage vergangen war, war diese vollständig vergriffen und wurde die Herausgabe der 2. Auflage erforderlich.

Für die Bearbeitung des Buches hielt ich folgende Gesichtspunkte für maßgebend:

Als grundsätzlich falsch verwerfe ich die Aufstellung von Akkordpreistabellen, denen ein Einheitswert für den Flächeninhalt (qcm, qdm) zugrunde gelegt ist. Im Gegensatz hierzu habe ich im vorliegenden Buch das Hauptgewicht darauf gelegt, die Ermittelung der Bearbeitungszeit nach Schnittgeschwindigkeit und Vorschub an Hand praktischer Beispiele zu erklären.

Die diesen Berechnungen zugrunde gelegten Werte für Schnittgeschwindigkeit und Vorschub sind in langjähriger Betriebspraxis erprobte Durchschnittswerte und stellen durchaus keine Reklameleistungen dar. Ich habe es dabei vermieden, für diese Werte größere Toleranzen anzugeben, die den Leser immer wieder in eine peinliche Unsicherheit versetzen, welchen Wert er denn nun einsetzen soll. Demgegenüber habe ich Nachdruck darauf gelegt, bestimmte eindeutige Werte zu schaffen, nach denen mit Sicherheit gerechnet werden kann.

Etwas absolut Neues dürften die in dem Buche dargestellten Tabellen für Aufspannzeiten bieten, die die Form, die Abmessungen und das Gewicht der Körper berücksichtigen.

Veranlassung zur Herausgabe dieses Buches gab mir die durch langjährige Tätigkeit als Kalkulator und als Lehrer des Kalkulationsfaches an einem Berliner Technikum gewonnene Ueberzeugung, daß wohl auf keinem anderen Gebiete mit einer gleichen Menge unklarer und direkt falscher Begriffe und Grundwerte gearbeitet wird, wie bei der Berechnung der Bearbeitungszeit auf Werkzeugmaschinen.

Der dadurch angerichtete Schaden entzieht sich bisweilen jeder Berechnung; besonders die berüchtigte „sichere Schätzung" hat schon manchem, sonst gut geleiteten Betriebe schweren Schaden gebracht; zum mindesten führt jedoch die falsche Berechnung der Akkordpreise zu fortwährenden Streitigkeiten mit der Arbeiterschaft, und zeitigt bisweilen infolge zahlreicher Widersprüche in den Akkordpreisen ganz unhaltbare Zustände.

In fast jedem Abschnitt sind die Werte für Schnellschnittstahl-Werkzeuge denen für Werkzeuge aus gewöhnlichem Gußstahl gegenübergestellt, wodurch sowohl dem modernen Großbetrieb als auch mittleren und kleinen Betrieben nach Möglichkeit Rechnung getragen ist.

Die durchweg günstige Besprechung des Buches in der gesamten Fachpresse hat mich bewogen, an verschiedenen Stellen zum Teil erhebliche Erweiterungen und Ergänzungen vorzunehmen, die dem Praktiker den Gebrauch des Buches noch ganz bedeutend erleichtern werden.

Gern bin ich einigen diesbezüglichen Anregungen in der Fachpresse gefolgt und habe die für die Bearbeitung des Aluminiums, des Nickel- und Chrom-Nickelstahles in Frage kommenden Werte dargestellt, wodurch das Buch besonders für die Automobil- und Flugzeugindustrie an Wert erheblich gewinnt.

Recht dankbar bin ich Herrn Professor Toussaint für seinen, bei Besprechung der ersten Auflage meines Buches in der „Zeitschrift des Vereines deutscher Ingenieure" gemachten Vorschlag, statt des Kurvendiagrammes zur Bestimmung der minutlichen Umdrehungszahlen ein Strahlendiagramm zu konstruieren. Die nach diesem Vorschlag aufgezeichnete Tafel ist, wie ich rückhaltlos zugebe, übersichtlicher und im Gebrauch einfacher zu handhaben.

Wie in diesem Falle bin ich auch in Zukunft für jede Anregung zur weiteren Vervollkommnung des Inhaltes stets dankbar.

Es ist mir ein Bedürfnis, an dieser Stelle allen denen zu danken, die mich bei der Herausgabe des Buches so bereitwillig unterstützt haben; in erster Linie Herrn Betriebsingenieur Fr. Bork für seine stets bereitwillige Mitarbeit; verdanke ich doch die einwandfreie Darstellung verschiedener schwieriger Materien seiner gründlichen Sachkenntnis.

Desgleichen danke ich dem Herrn Oberingenieur K. Schmidt, Stettin, für seine wertvollen Anregungen, seine Unterstützung mit Rat und Tat, sowie für die Erlaubnis zur Mitbenutzung der von ihm verfaßten Aufsätze in der Werkstatts-Technik.*).

Für die bereitwillige Ueberlassung von Druckstöcken sei auch an dieser Stelle den Firmen Ludw. Loewe, Berlin, — W. von Pittler, Leipzig, — Alfr. H. Schütte, Cöln, — Alb. Kämmerer, Düsseldorf und M. Schillings, Mehlis i. Thür. vielmals gedankt.

Oktober 1916

Max Siegerist.

Vorwort zur 4. Auflage.

Nachdem die ersten drei Auflagen trotz des Krieges in knapp vier Jahren vergriffen waren, geht hiermit die 4. Auflage hinaus. — Auch diese hält sich natürlich streng an den Grundsatz, keine Akkordpreise aufzustellen, sondern die Berechnung der Bearbeitungszeiten darzustellen, ohne Rücksicht auf die Höhe des Lohnes oder das Entlohnungssystem der verschiedenen Betriebe.

Der unerwartet schnelle Absatz der bisherigen Auflagen und die äußerst günstige Beurteilung des Buches seitens der gesamten Fachpresse lassen mich hoffen, einem tatsächlichen Bedürfnis entsprochen zu haben.

Die vorliegende 4. Auflage stellt keinen Abdruck der 3. Auflage dar, sondern sie ist an vielen Stellen sowohl im Text neu bearbeitet, als auch durch Hinzufügung bisher nicht vorhandener Tabellen wesentlich ergänzt und erweitert.

Möge sie eine ebenso günstige Aufnahme finden, wie die früheren Auflagen.

April 1919.

M. Siegerist.

---

*) Praktische Winke für die Werkstattkalkulation von K. Schmidt, Bremen Mai 1909 und 1910.

Inhalts-Verzeichnis

V. Revolverbänke.

VI. Wagerecht-Bohrwerke.

VII. Rundschleifmaschinen.

VIII. Fräsmaschinen.

IX. Bohrmaschinen.

X. Uebungsaufgabe

Verzeichnis der Tabellen

Tabellen für das Teilverfahren: Seite

Tabellen für das Abwälzverfahren:

IX. Bohrmaschinen.

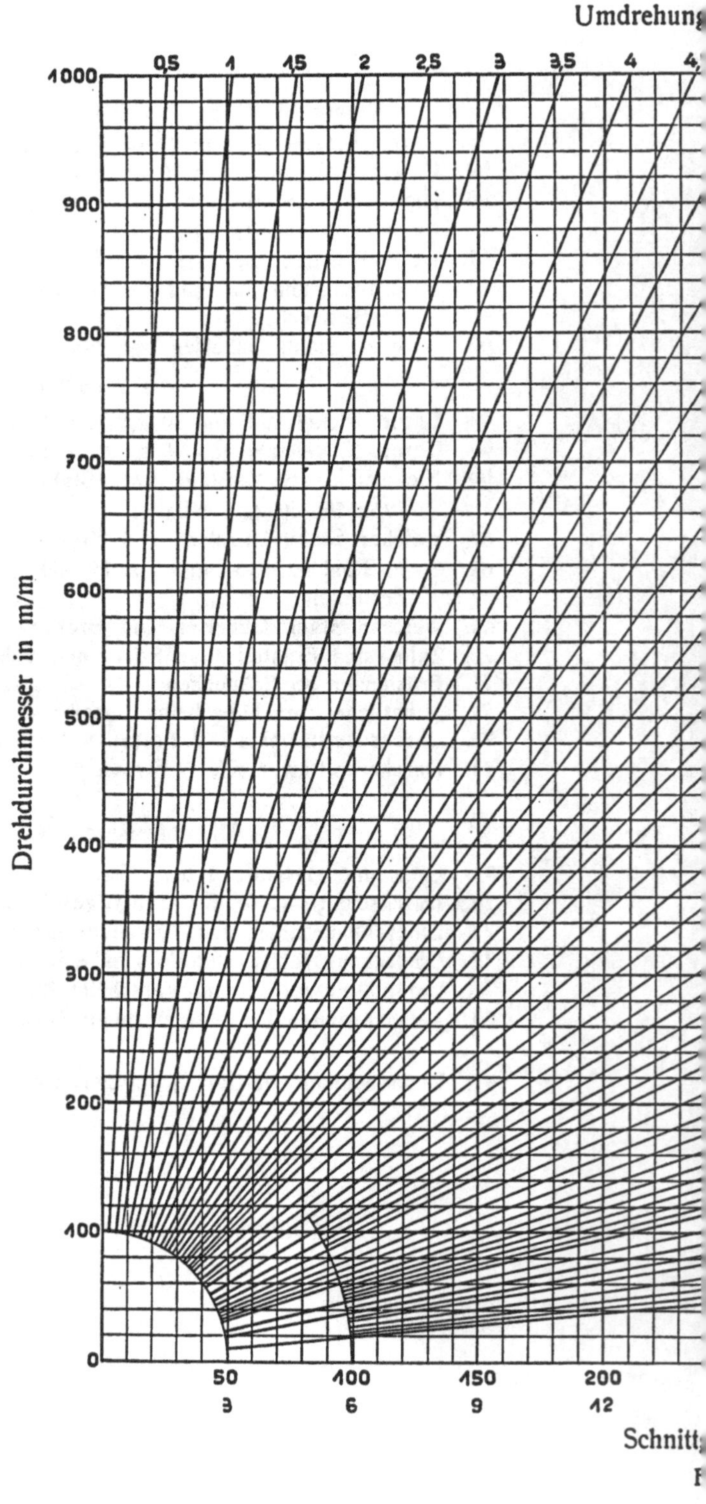
Umdrehung
0,5
1
1,5
2
2,5
3
3,5
4
Drehdurchmesser in m/m
1000
900
800
700
600
500
400
300
200
100
0
50
100
150
200
3
6
9
12
Schnitt

Minute

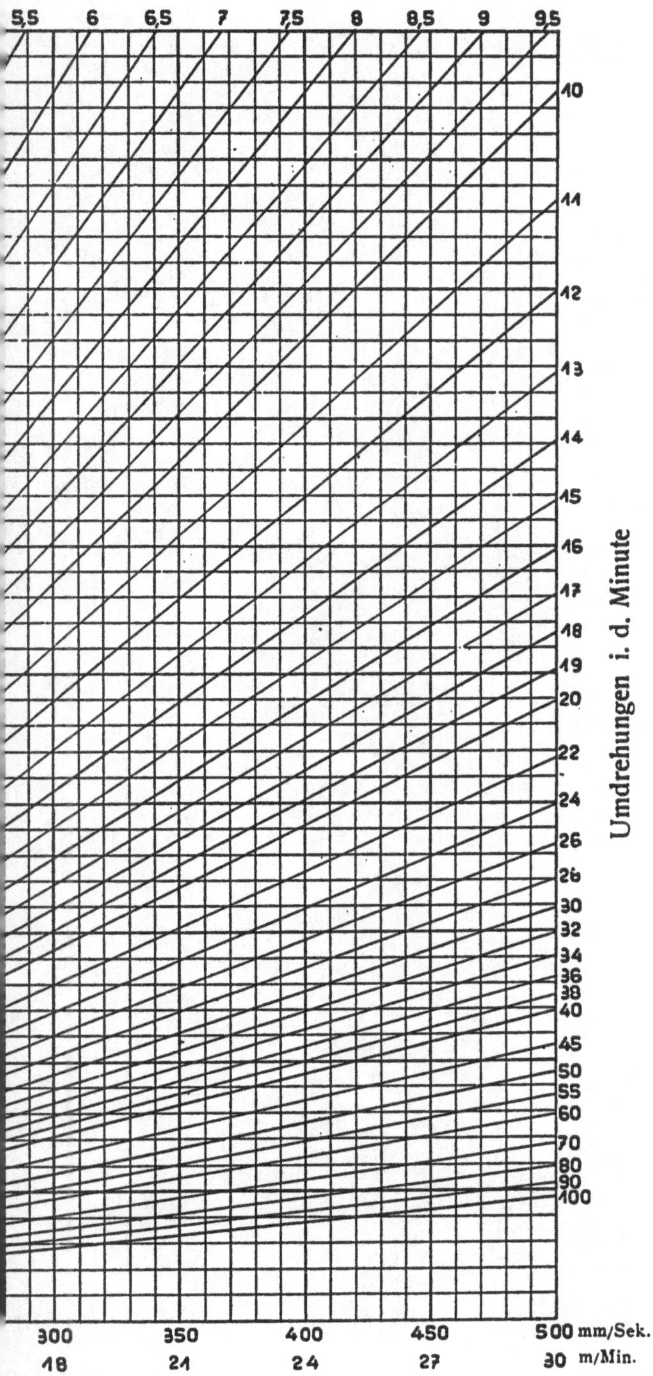

digkeit

Einleitung.

Die großen Erfolge der deutschen Maschinenindustrie auf dem Weltmarkt sind nicht zuletzt darauf zurückzuführen, daß es ihr gelungen ist, durch neuzeitliche, großzügige Organisation der Betriebe die Herstellungskosten derart zu verringern, daß jeder ausländischen Konkurrenz die Spitze geboten werden kann.

Wir haben seit Jahrzehnten viele erstklassige Betriebe, welche in bezug auf Leistungsfähigkeit keinen Vergleich, auch mit den ersten amerikanischen Firmen, zu scheuen brauchen.

Besonders Hervorragendes ist auf dem Gebiete der Spezialisierung, der Normalisierung, der Serienfabrikation und der wissenschaftlichen Betriebsleitung im allgemeinen geleistet worden. Die wissenschaftliche Betriebsleitung zeigte sich durch genaue Aufzeichnung von Zeitstudien in den Werkstätten, Zerlegung der Gesamtbearbeitung eines Gegenstandes in einzelne Teiloperationen, Vorherbestimmung, Einteilung und Vereinfachung der einzelnen Arbeitsvorgänge, und schließlich durch genaue Vorherbestimmung der Bearbeitungszeiten zum Zweck der Festlegung der Akkordpreise für Maschinen- und Handarbeit.

Die deutsche Maschinenindustrie ist in dieser Beziehung ihre eigenen Wege gegangen und hat vorbildlich und bahnbrechend gewirkt, sowohl in bezug auf Arbeitszerlegung wie auch Arbeitsvorbereitung. In welchem Maße das Taylorsystem auf deutsche Verhältnisse anwendbar ist, soll hier nicht untersucht werden; es hängt dies von den außerordentlich verschiedenen Verhältnissen der Betriebe ab. Ohne Zweifel wird aber jeder Betrieb mit größtem Nutzen die Grundzüge der Taylorschen Lehren anwenden können, die in ihrem Wesen ja schließlich auch nichts anderes bedeuten, als eine scharfe Herausarbeitung der oben angeführten Gesichtspunkte.

Es ist längst bekannt, daß ein Betrieb nur dann wirtschaftlich vorteilhaft arbeiten kann, wenn es der Betriebsleitung gelingt, durch geschickte Arbeitsteilung, Einführung zweckentsprechender, Arbeit sparender Einrichtungen usw. die Bearbeitungszeiten möglichst kurz zu gestalten. Mit diesen Bestrebungen muß eine rechnerisch genaue Vorherbestimmung der Akkordpreise durch eine sachgemäß eingerichtete Vorkalkulation Hand in Hand gehen. Die Vorherbestimmung der Akkorde muß mit großer Sorgfalt geschehen, alles zugängliche Material, Zeitstudien usw. ist zu sammeln und in Tabellen übersichtlich zusammenzustellen, damit die ermittelten Werte jeder Kritik standhalten können und in Fällen von Beanstandungen der Beweis der Richtigkeit ohne Schwierigkeit geführt werden kann. Eine weitere Voraussetzung ist absolute Objektivität und das Bestreben, den beiderseitigen Interessen — der Arbeitgber und Arbeitnehmer — nach Möglichkeit gerecht zu werden.

Erfahrungsgemäß werden der Einführung der Vorkalkulation als einer besonderen Instanz seitens der Arbeiter bisweilen Schwierigkeiten bereitet. Dieser Widerstand beruht zweifellos auf dem instinktiven Gefühl der Befürchtung, daß jede Neuerung eine Verschlechterung des Arbeitsverhältnisses darstellen müsse. Diese Befürchtung dürfte allerdings nur dort begründet sein, wo unfähige Personen zur Ausführung der Vorkalkulation berufen werden, denen die unbedingt nötige praktische Erfahrung und theoretische Schulung mangelt.

Die mit der Festsetzung der Akkordpreise betrauten Werkmeister oder besonderen Kalkulatoren müssen über ein umfangreiches Wissen und Können verfügen, und es ist zu empfehlen, zur Erledigung der rein mechanischen und schriftlichen Arbeiten ihnen geeignete Hilfskräfte mit geringerer Vorbildung zur Verfügung zu stellen. Bei sicherem Funktionieren der Vorkalkulation wird die beteiligte Arbeiterschaft sehr bald empfinden, daß nach gerechten Grundsätzen verfahren wird, und jedes Mißtrauen wird beseitigt sein.

Mag die Festsetzung der Akkordpreise nun geschehen durch die Werkmeister selbst oder durch ein besonderes Kalkulationsbüro, in jedem Fall wird das beste Verhältnis dort anzutreffen sein, wo die Preise unter Beobachtung strengster Unparteilichkeit unter Ausschaltung aller persönlichen Einflüsse nach modernen Grundsätzen berechnet, und nicht nach veralteten und vererbten Faustformeln estgestellt oder gefühlsmäßig geschätzt werden.

Es genügt nun für die Akkordpreis-Berechnung keineswegs, allein die Maschinenlaufzeit rechnerisch zu ermitteln; ganz besondere Beachtung verdient auch die sachgemäße Beurteilung aller Nebenumstände, der sogenannten toten Zeit. Soweit es sich dabei um die für das Auf-, Um- und Abspannen eines Körpers erforderliche Zeit handelt, spielt die Anzahl und Leistungsfähigkeit der in einem Betriebe vorhandenen Transportmittel, Hebezeuge, Kräne usw. eine sehr große Rolle; ferner wird die tote Zeit beeinflußt durch die Größe der betreffenden Werkzeugmaschine und besonders durch individuelle Verschiedenheiten der Arbeiter selbst.

Soweit nicht zweckdienliche Unterlagen, Zeitstudien usw. zur Verfügung stehen, schätzt man die tote Zeit am besten nach den Leistungen eines Durchschnittsarbeiters.

Nicht zu empfehlen ist die häufig geübte Festsetzung eines Akkord-Höchstverdienstes, der nicht überschritten werden soll. Dadurch bremst man ohne erkennbaren Zweck die Leistungen der tüchtigsten Leute, die durch besondere Geschicklichkeit und großen Fleiß eine bedeutende Verringerung besonders der toten Zeit zu erreichen vermögen. Sind derartig leistungsfähige Leute imstande, die gleiche Arbeit in wesentlich geringerer Zeit fertigzustellen, als der Durchschnitt ihrer Mitarbeiter, so soll man ihnen auch den entsprechenden höheren Verdienst gönnen. Durch Auszahlung des vollen Ueberverdienstes ohne Herabsetzung des betreffenden Akkordpreises sollte man solche Leute als Vorbild und Ansporr für die an geringere Arbeitsintensität gewöhnten Arbeiter hochhalten, aber die Stücklöhne nicht nach solchen Glanzleistungen berechnen.

Bei Berücksichtigung aller dieser Anregungen wird überall zwischen Betriebsleitung und Arbeiterschaft ein erträgliches Verhältnis Platz greifen. Die Bestrebungen der Arbeiterschaft auf Beseitigung der Akkordarbeit überhaupt haben zum größten Teil ihre Ursache in der Systemlosigkeit und der falschen Berechnung der Akkorde. Wenn allenthalben mit den veralteten Berechnungs- oder gar Schätzungsmethoden gebrochen, die Akkordkalkulation von wirklich befähigten Personen erledigt wird und etwaige Reklamationen vorurteilsfrei geprüft werden, dann wird die Arbeiterschaft der Akkordarbeit keinen Widerstand entgegensetzen.

Der in der überwiegenden Mehrheit verständige Teil der Arbeiterschaft wird einsehen, daß, wenn Deutschlands Exportindustrie jemals wieder lebensfähig werden soll, die allermodernste Betriebsorganisation überall Eingang finden muß und dazu gehört auch die Vorherbestimmung der Bearbeitungszeiten.

Winke für die Benutzung der in diesem Buche angegebenen Werte.

Die gesamte Bearbeitungszeit eines Gegenstandes setzt sich zusammen aus a) der reinen Laufzeit, d. h. aus der Summe der verschiedenen Zeitperioden, während deren die betreffende Werkzeugmaschine Arbeit leistet, und b) der sogenannten unproduktiven oder toten Zeit, während der die Maschine selbst stillsteht.

Die Bearbeitungszeit ist in der Praxis abhängig von verschiedenen Faktoren, die teils eine bisweilen erhebliche Ueberschreitung der in den einzelnen Abschnitten angegebenen Leistungsgrößen (Schnittgeschwindigkeit, Vorschub und Schnitttiefe) gestatten, teils diese noch nicht einmal erreichen lassen.

Eine Ueberschreitung dieser Größen wird besonders überall dort möglich sein, wo für bestimmte Arbeiten Spezialmaschinen zur Verfügung stehen, deren ganze Bauart und Einrichtung diesen besonderen Zwecken angepaßt sind, und deren Umdrehungszahlen und Vorschübe die höchstmögliche Ausnutzung der in Frage kommenden Werkzeuge (Dreh- und Hobelstähle, Fräser, Bohrer usw.) ermöglichen.

Im Folgenden sollen nun einige Fälle geschildert werden, in denen die angegebenen Leistungsgrößen mehr oder weniger reduziert werden müssen.

1. Wenn die Form des Werkstückes ein weites Herausspannen des Werkzeuges erfordert, dann sind Schnittiefe und Vorschub bisweilen ganz erheblich zu verringern.

2. Ist das Werkstück für die zur Verfügung stehende Werkzeugmaschine zu schwer, so sinken alle 3 Leistungsgrößen infolge der geringen Durchzugskraft der Maschine.

3. Tritt jedoch der entgegengesetzte Fall ein, daß die betreffende Werkzeugmaschine für das Arbeitsstück zu schwer ist, so wird diese, besonders bei Werkstücken von verhältnismäßig kleinem Durchmesser, nicht die erforderliche Schnittgeschwindigkeit entwickeln, während Schnittiefe und Vorschub nicht beeinflußt werden.

4. Bei allen Drehkörpern von geringerem Durchmesser und großer Länge (dünne Wellen, Kolbenstangen, Exzenterstangen, lange Spindeln usw.) ist ein rationelles Arbeiten überhaupt nur möglich bei

genügender Unterstützung durch ein oder mehrere Brillenlager. In allen Fällen, wo dies aus irgendeinem Grunde nicht möglich ist, sind alle 3 Leistungsgrößen infolge der mehr oder weniger großen Durchbiegung des Werkstückes zu verringern. Das hier Gesagte trifft auch zu für Ausbohrarbeiten auf dem Bohrwerk mit verhältnismäßig dünner Bohrstange.

5. Bei allen Werkstücken mit unterbrochener Oberfläche, z. B. beim Ueberdrehen von Zahnrädern, Hobeln von Zahnstangen usw., ist wegen der beständigen Stöße und Erschütterungen in erster Linie die Schnittgeschwindigkeit zu verringern, um einen ruhigeren Arbeitsgang zu erzielen.

6. Beim Schneiden grober Gewinde, z. B. mehrgängiger Schnecken mit großer Steigung, ist die Schnittgeschwindigkeit und die sich daraus ergebende Umdrehungszahl oftmals bis an die äußerste Grenze zu verringern. Mit Rücksicht auf die in solchem Falle sehr schnelle Supportbewegung muß die Drehbank dann mit dem langsamsten Gang laufen, ohne Rücksicht auf einen vielleicht sehr kleinen Drehdurchmesser.

7. In allen Fällen, wo es sich um die Bearbeitung kleiner Durchmesser an großen Arbeitsstücken auf großen Drehbänken handelt, bleibt die Schnittgeschwindigkeit weit hinter normalen Werten zurück.

Obige Beispiele sind in der Praxis äußerst häufig und mannigfaltig, daher ist ihnen bei der Berechnung der Bearbeitungszeiten die größte Beachtung zu schenken, um falsche Resultate zu vermeiden.

In allen Fällen jedoch, wo eine solide und feste Einspannung sowohl des Arbeitsstückes, als auch der Werkzeuge möglich ist, können die in jedem einzelnen Abschnitt angegebenen Werte für Schnittgeschwindigkeit, Schnittiefe und Vorschub in die Rechnung eingesetzt werden; man wird damit stets ein zutreffendes Resultat erhalten.

Schwieriger, als die Berechnung der reinen Laufzeit ist jedoch die Bestimmung der unproduktiven oder toten Zeit, weil man hierbei in der Regel nur auf Schätzung angewiesen ist. An Verrichtungen während der toten Zeit kommen in Betracht:

1. das Vorbereiten, Einrichten und Einstellen der Maschine;
2. das Ein- oder Aufspannen und Ausrichten des Werkstückes;
3. das Herrichten, Schleifen und Einspannen der Werkzeuge, wie Dreh-, Hobel- und Stoßstähle, Fräser, Bohrer usw.;
4. das mehrmalige Anstellen der Schnitte;
5. das Messen der bearbeiteten Stellen;
6. das Um- und Abspannen des Werkstückes.

Es ist nun grundfalsch, die Größe der toten Zeit in ein prozentuales Verhältnis zur reinen Laufzeit zu bringen und in dieser Weise die Gesamt-Arbeitszeit zu ermitteln. Beide Faktoren sind völlig unabhängig voneinander, und zwar macht bei dem einen Gegenstand die tote Zeit nur einen Bruchteil der Laufzeit aus, während bei einem anderen die tote Zeit ein Vielfaches der Laufzeit sein kann.

In den Betrieben, wo es möglich ist, entsprechende Unterlagen zu sammeln, empfiehlt es sich, die Gesamtbearbeitungszeit von Körpern gleicher Form, aber verschiedener Größe (z. B. Ventilkegel von 30 mm, 100 mm und 250 mm Durchmesser) durch genaue Beobachtung zu ermitteln und graphisch aufzutragen.

Für alle Zwischengrößen lassen sich die Werte dann bequem ableiten und nach Abzug der reinen Laufzeit, die rechnerisch leicht zu ermitteln ist, die toten Zeiten festlegen.

Eine größere Anzahl derartiger graphischer Aufzeichnungen für verschiedenartige Körper gestattet mit ziemlicher Sicherheit die Ableitung der für Körper ähnlicher Form und Größe benötigten Werte und stellt ein nicht zu unterschätzendes Hilfsmittel für die Berechnung der Bearbeitungszeiten dar.

Grundfalsch ist es jedoch, in einem Betriebe gesammelte Werte, Akkordpreistabellen usw., auf beliebige andere Betriebe zu übertragen; wenn überhaupt, so doch nur äußerst selten wird man in von einander unabhängigen Betrieben auch nur annähernd gleiche Betriebsverhältnisse vorfinden.

Die gründliche Beherrschung und Kenntnis moderner Berechnungsmethoden ist aber bei weitem wertvoller, als eine noch so große Sammlung von Akkordpreisen.

Bei allen in diesem Buche angegebenen Werten handelt es sich naturgemäß stets nur um Durchschnittswerte. In einigen modernen Betrieben ist man schon heute dazu übergegangen, die Akkorde immer nur für die betreffende Werkzeugmaschine zu berechnen, auf welcher das Werkstück bearbeitet wird.

Am leichtesten läßt sich dies in Werkstätten durchführen, deren Fabrikation sich auf einige wenige Gebiete beschränkt mit möglichst weit durchgebildeter Serienfabrikation. — Hier ist es möglich, die stets wiederkehrenden Arbeiten dauernd auf der gleichen Werkzeugmaschine bzw. auf der gleichen Gattung von Werkzeugmaschinen anzufertigen, und die einmal aufgestellten Akkordpreise und -Tabellen behalten dabei dauernd ihre Gültigkeit.

Ebenso ist es bei Serienfabrikation verhältnismäßig leicht, durch Beobachtung genaue Unterlagen für die sogenannten toten Zeiten zu erlangen (Auf- und Abspannen, Maschine und Werkzeug einrichten, Schnitte anstellen, messen usw.). Es wird hierbei in den meisten Fällen genügen, den kleinsten, den größten und einen Mittelwert graphisch festzulegen, alle Zwischenwerte können abgelesen werden.

Größere Schwierigkeiten entstehen jedoch in den Werkstätten für allgemeinen Maschinenbau; hier wird es in den meisten Fällen genügen, die Akkordpreise nach den im Buche angegebenen Durchschnittswerten zu berechnen. Die Aufstellung von Tabellen für die einzelnen Werkzeugmaschinen (Seite 12, 26—29, 39, 40) kann dann auf die großen Maschinen beschränkt bleiben, und es sind dann nur die Akkorde für große Werkstücke an Hand dieser Tabellen zu berechnen; zum mindesten empfiehlt es sich jedoch, diese Tabellen bei B e a n s t a n d u n g e n der Akkordpreise zu benutzen.

Bezüglich der Aufgabenbeispiele ist zu beachten, daß in die Ausrechnungen die F e r t i g m a ß e der Skizzen eingesetzt sind, ohne Berücksichtigung der erforderlichen Bearbeitungszugabe. Dies trifft hauptsächlich auf den Abschnitt „Hobelarbeiten" zu und geschah, um dem Leser durch das Einsetzen der in den Skizzen nicht enthaltenen Rohmaße das Verständnis der Aufgaben nicht zu erschweren.

In der Praxis müssen natürlich stets die Rohmaße eingesetzt werden.

A. Maschinen mit geradliniger Bewegung.

Unter Maschinen mit gradliniger Bewegung versteht man alle Arten horizontaler und vertikaler Hobel- und Stoßmaschinen.

Zur Unterscheidung ihrer Arbeitsweise und der Zeitberechnung der auf ihnen herzustellenden Arbeiten teilt man sie ein in

1. Langhobelmaschinen mit einfacher Antriebs-Riemenscheibe, Riemen-Umsteuerung und Zahnstangenantrieb (ev. Spindelantrieb).
2. a) Hobelmaschinen mit Stufenscheibenantrieb und Kulisse und b) Shapingmaschinen mit Stufenscheibenantrieb und Kulisse oder Kurbelschleife.
3. Vertikale Stoßmaschinen mit Stufenscheibenantrieb und Kulisse oder Kurbelschleife.

I. Arbeiten auf Langhobelmaschinen
mit einfacher Antriebsscheibe und Riemen-Umsteuerung.

Voraussetzung für eine einwandfreie Berechnung der Bearbeitungszeiten auf Hobel- oder Stoßmaschinen ist die Kenntnis der in jedem Betriebe vorhandenen Unterschiede zwischen den Geschwindigkeiten der einzelnen Maschinen. Wenn man die in einem Betriebe vorhandenen Langhobelmaschinen z. B. in 3 Gruppen teilt:

Gruppe 1 — größte Hublänge 2 m
„ 2 „ „ 4 „
„ 3 „ „ 8 „

so wird man selbst unter den verschiedenen Maschinen derselben Gruppe ziemlich bedeutende Unterschiede in der Zahl der minutlichen Doppelhübe und der daraus zu errechnenden Schnittgeschwindigkeit feststellen können.

Bei allen Langhobelmaschinen mit Riemen-Umsteuerung ist nun die Schnittgeschwindigkeit ziemlich begrenzt, d. h. wenn der verwendete Hobelstahl auch eine Schnittgeschwindigkeit beispielsweise von ca. 20 m/Min.*) für Schmiedeeisen ohne weiteres gestattet, so ist es doch nicht möglich, eine gewöhnliche Langhobelmaschine dieser Art

*) Sämtlichen Berechnungen über Hobel- und Stoßarbeiten ist die Verwendung von Schnellschnittstahl zugrunde gelegt.

mit derselben Geschwindigkeit laufen zu lassen, da das Getriebe, welches die Umsteuerung (den Wechsel) beim Vor- und Rücklauf betätigt, selbst bei der besten Konstruktion eine so starke Beanspruchung nicht verträgt. Die Ursache liegt darin, daß die tote Last, d. i. der Tisch mit dem darauf gespannten Arbeitsstück, zu schwer ist, um in der kurzen Zeit der Umsteuerung aus der einen Bewegungsrichtung in die entgegengesetzte gebracht zu werden.

Hier sei nun zunächst der Begriff der Schnittgeschwindigkeit erklärt; man versteht darunter die Zahl, welche die Länge des Weges angibt, der in der Zeiteinheit zurückgelegt wird.

Beispiel: Ist die in Fig. 1 mit *a b* bezeichnete Strecke 120 mm lang, und bewegt sie sich in 1 Sekunde am Hobelstahl vorbei, so entspricht dies einer Schnittgeschwindigkeit von 120 mm i. d. Sekunde.

Da die Schnittgeschwindigkeit sowohl in mm/Sek. als auch in m/Min. angegeben wird, so sei die Umrechnung hier kurz erklärt. (Siehe auch Umrechnungstabellen unter Dreherei.)

1. 90 mm/Sek. = wieviel m/Min.?
   In 1 Sek. = 90 mm
   in 60 Sek. = $60 \times 90 = 5400$ mm = 5,4 m/Min.

2. 160 mm/Sek. = wieviel m/Min.?
   In 1 Sek. = 160 mm
   in 60 Sek. = $60 \times 160 = 9600$ = 9,6 m/Min.

3. 12 m/Min. = wieviel mm/Sek.?
   In 60 Sek. = 12 000 mm
   in 1 Sek. = $\frac{12\,000}{60}$ = 200 mm/Sek.

4. 22 m/Min. = wieviel mm/Sek.?
   In 60 Sek. = 22 000 mm
   in 1 Sek. = $\frac{22\,000}{60}$ = 366 mm/Sek.

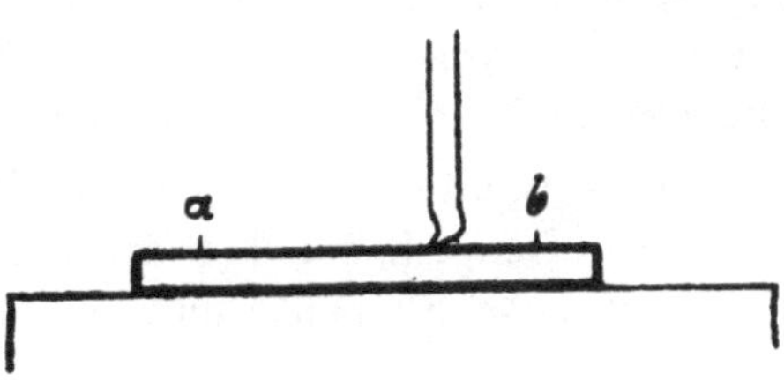

Fig. 1.

TABELLE 1.

Guter Schnellschnittstahl gestattet bei Bearbeitung der folgenden Materialien nebenstehende Schnittgeschwindigkeiten		Schnittgeschwindigkeit v in	
Material	Festigkeit	m/Min.	mm Sek
*) Chrom-Nickelstahl	80 kg p. m m²	8	133
" " . . .	70 " " "	9	150
Nickelstahl und Stahlguß .	60 " " "	10	166
" " . . .	50 " " "	12	200
Gußeisen und harte Bronce . .		12	200
S-M-St., Schm.-E. u. Aluminium		20	333
weiche Bronce, Rotguß u. Messing		30	500

Gute Durchschnittsleistungen von Langhobelmaschinen müssen ungefähr folgender Tabelle entsprechen:

TABELLE 2.

Durchschnittswerte für Langhobelmaschinen.

Gruppe	Hobellänge bis	Zahl der Doppelhübe p. Min. bei Hublänge = 1000 mm	Zeit für 1 Doppelhub von 1000 mm Länge in Sek.	Schnittgeschwindigkeit v in mm/Sek.	in m/Min.
I	2 m	4,75	12,6	158	9,5
II	4 m	4,25	14,1	142	8,5
III	8 m	3,75	16	125	7,5

Unter Schnittgeschwindigkeit ist hier und in den folgenden Tabellen der einfacheren Rechnung wegen stets das Mittel zwischen Arbeits- und Rücklaufsgeschwindigkeit zu verstehen; die an fast allen Hobelmaschinen vorhandene Rücklaufbeschleunigung ist am Schluß dieses Abschnittes berücksichtigt.

Es würde zweifellos zu weit führen, im Rahmen dieses Buches, das doch nur der Berechnung der Bearbeitungs z e i t dienen soll. Untersuchungen über das jeweilige günstigste Verhältnis zwischen Arbeits- und Rücklaufsgeschwindigkeit anzustellen.

Entscheidend für die Laufzeitberechnung ist doch in jedem Fall die Zahl der minutlichen Doppelhübe, und dementsprechend ist in diesem Abschnitt bei Hobel-, Shaping- und Stoßmaschinen unter

*) Ueber Verwendungszweck des Chrom-Nickelstahles siehe S. 50

Schnittgeschwindigkeit stets das **Mittel zwischen Arbeits- und Rücklaufsgeschwindigkeit zu verstehen.** Die wirkliche Arbeitsgeschwindigkeit ist dabei um so größer, je geringer bei gegebener Dauer eines Doppelhubes die Rücklaufsbeschleunigung ist.

Um sich nun über die Leistungen der Langhobelmaschinen ein klares Bild zu verschaffen, stelle man für jede in einem Betriebe vorhandene Langhobelmaschine etwa folgende Tabelle auf (S. 12).

Man geht dabei von dem kleinsten Hub aus, stellt unter Benutzung einer guten Stoppuhr die Zeit für eine Anzahl Doppelhübe fest, und geht dann stufenweise um 100—250 mm bis zum größten einstellbaren Hub weiter.

Formel 1. Die Schnittgeschwindigkeit ist =

$$\frac{\text{Hublänge} \times 2}{\text{Zeit für 1 Doppelhub}}$$

Beispiel Maschine 4.

Wie groß ist die Schnittgeschwindigkeit bei einer Hublänge von 600 mm?

$$\text{Schnittgeschw. in mm/Sek.} = \frac{600\ (\text{mm}) \cdot 2}{6{,}8\ (\text{Sek.})} = 176 \text{ mm/Sek. oder}$$

$$\text{Schnittgeschw. in m/Min.} = \frac{0{,}6\ (\text{m}) \cdot 2}{0{,}113\ (\text{Min.})} = 10{,}6 \text{ m/Min}$$

Nach demselben Beispiel errechnet man die minutliche Hubzahl nach der Formel 2:

$$\text{Zahl der minutl. Doppelhübe} = \frac{\text{Schnittgeschw. in m/Min.}}{2 \cdot \text{Hublänge in m}}$$

$$= \frac{10{,}6}{2 \cdot 0{,}6} = 8{,}8.$$

Hat man die Zeit für 1 Doppelhub festgestellt, in obigem Beispiel = 6,8 Sek., dann kann man die Zahl der minutlichen Doppelhübe auch berechnen nach der Formel 3:

$$\text{Zahl der minutl. Doppelhübe} = \frac{60}{\text{Zeit für 1 Doppelhub in Sek.}}$$

$$= \frac{60}{6{,}8} = 8{,}8.$$

TABELLE 3

Langhobelmaschine.

Hobellänge 5000. Hobelbreite 2000. Hobelhöhe 2000.
Überlauf 300 mm. Kürzester einstellbarer Hub 400 mm.

Hublänge	Doppelhübe		Zeit für 1 Doppelhub in		Schnittgeschw in		Zahl der Doppel-Hübe
mm	Zahl	Zeit Sek.	Sek.	Min.	mm/Sek	m/Min.	p. Min.
400	8	54	6,75	0,11	118	7.1	8,9
600	5	48,5	9,6	0,16	124	7.4	6,1
800	3	38,7	12,9	0,21	124	7,4	4,6
1000	2	32	16	0,27	124	7,4	3,7
1250	2	39,6	19,8	0,33	126	7,55	3
1500	2	46	23	0,38	130	7,8	2,6
1750	2	54	27	0,45	130	7,8	2,2
2000	2	60	30	0,5	131	7,85	1,96
2500	1	37	37	0,62	134	8,05	1,6
3000	1	45	45	0,75	134	8,05	1,34
3500	1	52	52	0,87	134	8,05	1.15
4000	1	60	60	1 —	134	8,05	1
4500	1	69	66	1,1	136	8,15	0,9
5000	1	73,5	73,5	1,22	136	8,15	0,8

Vorschub p. Doppelhub in mm

Vorschubrichtung	Zähne						
	1	2	3	4	5	6	7
horizontal	0,6	1,2	1,8	2,4	3	3,6	4,2
vertikal	0,4	0,8	1,2	1,6	2	2,4	2,8

TABELLE 4

Langhobelmaschine.

Hobellänge 2500. Hobelbreite 700. Hobelhöhe 700.
Überlauf 100 mm. Kürzester einstellbarer Hub 200 mm.

Hublänge	Doppelhübe		Zeit für 1 Doppelhub in		Schnittgeschw. in		Zahl der Doppel-Hübe
mm	Zahl	Zeit Sek.	Sek.	Min.	mm/Sek	m/Min.	p. Min.
200	10	29	2,9	0,048	138	8,3	20,8
300	10	38	3,8	0,063	158	9,5	15,8
400	10	46	4,6	0,076	174	10,4	13
600	6	41	6,8	0,011	176	10,6	8,8
800	6	54,5	9,1	0,15	176	10,6	6,6
1000	5	57	11,4	0,19	176	10,6	5,2
1250	3	42	14	0,23	178	10,7	4,3
1500	4	67	16,8	0,28	178	10,7	3,5
1750	3	59	19,7	0,32	178	10,7	3,1
2000	3	67	22,3	0,37	178	10,7	2,7
2250	3	75	25	0,41	178	10,7	2,4
2500	2	56	28	0,46	178	10,7	2,1

Vorschub p. Doppelhub in mm

Vorschubrichtung	Zähne					
	1	2	3	4	5	6
horizontal	0,45	0,9	1,35	1,8	2,25	2,7
vertikal	0,35	0,7	1,05	1,4	1,75	2,1

Bestehen nun in einer Werkstatt unter den Langhobelmaschinen derselben Gruppe wesentliche Unterschiede in den Hubzahlen und Vorschüben, und will man trotzdem einheitliche Akkordpreise zahlen, dann ist es nötig, an den betreffenden Maschinen die Antriebsscheiben so zu wählen, daß die Maschinen gleichmäßig schnell laufen; desgleichen sind die Vorschübe durch Aenderung der Schalträder oder der Supportspindeln zu vereinheitlichen.

Will man diesen Weg nicht gehen, dann müssen die Stücklöhne für jede Hobelmaschine getrennt berechnet werden.

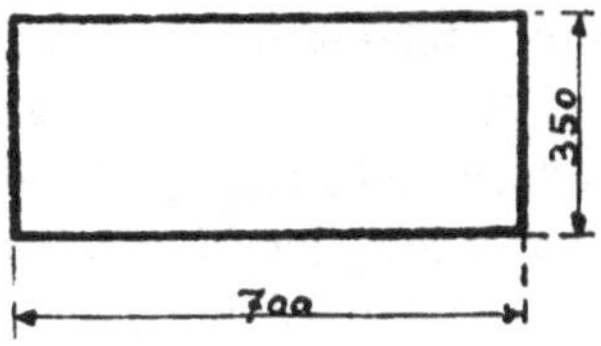

Fig. 2.

Als Beispiel sei an obigen beiden Maschinen die Laufzeit für 1 Schnitt an ein und derselben Hobelfläche (Fig. 2) berechnet.

Die Laufzeit berechnet man nach der Formel 4:

$$\text{Zeit in Min. } T = \frac{\text{Breite (mm)} \cdot \text{Schnittzahl}}{\text{Zahl der minutl. Doppelhübe} \times \text{Vorschub (mm)}}$$

Die Bearbeitungszugabe sei so stark, daß ein Vorschub von 0,6 mm nicht überschritten werden kann: dann ergibt sich folgende Gegenüberstellung:

Maschine Nr. 3.			Maschine Nr. 4.		
Arbeitslänge . . .	= 700	mm	Arbeitslänge . . .	= 700	mm
Überlauf	= 300	„	Überlauf	= 100	„
Hublänge	= 1000	„	Hublänge	= 800	„
Doppelhübe p. Min.	= 3,7	„	Doppelhübe p. Min.	= 6,6	„
Vorschub	= 0,6	„	Vorschub	= 0,45	„
Schnittzahl	= 1		Schnittzahl	= 1	
Laufzeit T	$\frac{350 \cdot 1}{3,7 \cdot 0,6} = 157$	Min.	Laufzeit T	$= \frac{350 \cdot 1}{6,6 \cdot 0,45} = 118$	Min.

Haben wir bei vorstehender Aufgabe angenommen, daß die Fläche in Längsrichtung gehobelt wird, so wollen wir jetzt die Laufzeit für das Hobeln in Querrichtung berechnen.

Maschine Nr. 3.		Maschine Nr. 4.	
Arbeitslänge . . .	= 350 mm	Arbeitslänge . . .	= 350 mm
Überlauf	= 300 „	Überlauf	= 100 „
Hublänge	= 650 „	Hublänge	= 450 „
Doppelhübe p. Min.	= 5,7 *)	Doppelhübe p. Min.	= 11,6 *)
Vorschub	= 0,6 „	Vorschub	= 0,45 „
Schnittzahl	= 1	Schnittzahl	= 1
Laufzeit $T = \frac{700 \cdot 1}{5,7 \cdot 0,6} = 205$ Min.		Laufzeit $T = \frac{700 \cdot 1}{11,6 \cdot 0,45} = 134$ Min.	

Aus der Gegenüberstellung dieser 4 Resultate geht hervor, daß es nicht gleichgültig ist, in welcher Richtung eine rechteckige Fläche gehobelt wird, und daß es falsch ist, Hobelarbeiten nach Flächeninhalt zu bezahlen. Wir haben hier für ein und dieselbe Hobelfläche auf 2 verschiedenen Maschinen und in verschiedener Hobelrichtung 4 von einander stark abweichende Resultate, und müßten bei Bezahlung nach Flächeninhalt 4 verschiedene Werte pro qcm einsetzen, womit das Unhaltbare einer solchen Berechnungsart wohl zur Genüge bewiesen ist.

Die Laufzeit beim Hobeln läßt sich, wenn die Schnittgeschwindigkeit bekannt ist, auch berechnen nach folgender Formel 5:

$$\text{Laufzeit in Min. } T = \frac{h \cdot 2 \cdot b \cdot x}{v \cdot s \cdot 60}$$

worin: h = Hublänge in mm,
v = Schnittgeschwindigkeit in mm/Sek.,
b = Hobelbreite in mm,
s = Vorschub pro Doppelhub in mm,
x = Schnittzahl.

Bei allen bisherigen Berechnungen ist die Beschleunigung beim Rücklauf nicht besonders hervorgehoben worden; ist diese jedoch bekannt, dann lautet obige Formel (5) so:

Formel 6: $$T = \left(\frac{h}{v} + \frac{h}{v_r}\right) \frac{b \cdot x}{s \cdot 60}$$

---

*) In der Tabelle der Hobelmaschine Nr. 3 ist die Hublänge von 650 mm nicht enthalten. Um nun die Zahl der minutlichen Doppelhübe bei 650 mm Hublänge festzustellen, sucht man in der 4. Hauptspalte die Schnittgeschwindigkeit, die dort für 600—1000 mm Hublänge mit 7,4 m/Min. angegeben ist; dann ist die Zahl der minutlichen Doppelhübe $= \frac{7,4}{0,65 \cdot 2} = 5,7$

In derselben Weise geschieht die Berechnung der Hubzahl für Maschine Nr. 4.

worin: v = Schnittgeschwindigkeit in mm/Sek. beim Vorlauf,
v_r = Geschwindigkeit in mm/Sek, beim Rücklauf.

Das Verhältnis $v : v_r$ ist bei

großen Langhobelmaschinen ungefähr: 1 : 2
mittleren „ „ 1 : 2,5
kleinen „ „ 1 : 3

TABELLE 5.

Zeittabelle für das Aufspannen und Ausrichten kastenförmiger Körper auf der Hobelmaschine.

Grundfläche mm			Höhe in Millimeter						
			100	200	300	400	600	800	1000
200 × 200	I	Min.	7	7	7	8			
270 × 150	II	„	10	10	10	11			
400 × 100		kg	11	21	31	42		ohne	Kran
300 × 300	I	Min.	7	7	13	15	17	mit	Kran
400 × 225	II	„	10	10	17	20	23		
600 × 150		kg	23	47	70	93	135		
400 × 400	I	Min.	7	12	14	16	19		
550 × 300	II	„	10	17	19	22	27		
800 × 200		kg	42	82	125	165	250		
600 × 600	I	Min.	13	15	17	19	24	28	
800 × 450	II	„	18	21	24	27	34	39	
1200 × 300		kg	94	186	285	375	560	750	
800 × 800	I	Min.	19	21	23	25	31	35	39
1100 × 600	II	„	27	29	32	35	43	49	55
1600 × 400		kg	165	330	500	660	1000	1300	1660
1000 × 1000	I	Min.	23	25	27	30	36	40	44
1350 × 750	II	„	32	35	38	42	50	56	62
2000 × 500		kg	260	520	780	1040	1550	2050	2600
1500 × 1500	I	Min.	28	32	36	40	46	50	54
2000 × 1125	II	„	39	45	50	56	64	70	76
3000 × 750		kg	580	1160	1750	2300	3500	4700	5800

Das gerechnete Gewicht entspricht ungefähr $^1/_8$ des Gewichts voller Körper von denselben Abmessungen.

I = einfaches Ausrichten nach rohen Flächen ohne Riß.

II = schwieriges Ausrichten nach Riß oder bearbeiteten Flächen.

Von obigen Werten sind einzusetzen:

Bei Anfertigung von 2—4 Körpe n 80 pCt.
„ „ „ 5—10 „ 70 „
„ „ „ 11 und mehr 60 „

Für das Umspann n auf eine gehobelte Fläche sind 50 pCt. der Werte der Gruppe II einzusetzen.

Bietet nun die Feststellung der Laufzeit keine wesentlichen Schwierigkeiten, da sie sich an Hand obiger Formeln und Maschinentabellen genau berechnen läßt, so ist die Bemessung der Aufspannzeiten nicht so einfach, weil man hierbei nur auf Schätzung angewiesen ist. Die Tabelle Nr. 5, Seite 15 soll nun ein Hilfsmittel darstellen, um allzu großen Differenzen in der Bemessung der Aufspannzeiten vorzubeugen.

Aus naheliegenden Gründen kann diese Tabelle natürlich nicht schematisch benutzt werden; es ist vielmehr über jede Abweichung von den gegebenen Werten von Fall zu Fall zu entscheiden.

Da in den nächsten Abschnitten noch eine Reihe von Aufspanntabellen folgen, so sei bereits an dieser Stelle darauf hingewiesen, daß die Werte sämtlicher Aufspanntabellen nur für das erstmalige Aufspannen und Ausrichten eines einzelnen Arbeitsstückes gelten, einschließlich Einrichten der betreffenden Maschine. Für das Umspannen von Arbeitsstücken sowie für Anfertigung in größerer Zahl enthält jede Tabelle am Fuß genaue Hinweise.

Die Werte der Tabellen verstehen sich für das Aufspannen ohne Benützung von Spezial-Spannvorrichtungen. Die Angaben der Tabellen betreffs der Abmessungen der Grundfläche eines Körpers sind so zu verstehen, daß dieselbe Aufspannzeit in Frage kommt, wenn z. B. der Körper an der Grundfläche 200 × 200, oder 270 × 150, oder 400 × 100 mm mißt.

Zur Erläuterung des bisher Gesagten mögen einige Aufgabenbeispiele folgen.

Aufgabe für Hobelmaschine Nr. 4.

An einer gußeisernen Platte — Fig. 3 — sollen die Oberfläche und die beiden Fußflächen mit je 2 Schnitten gehobelt werden.

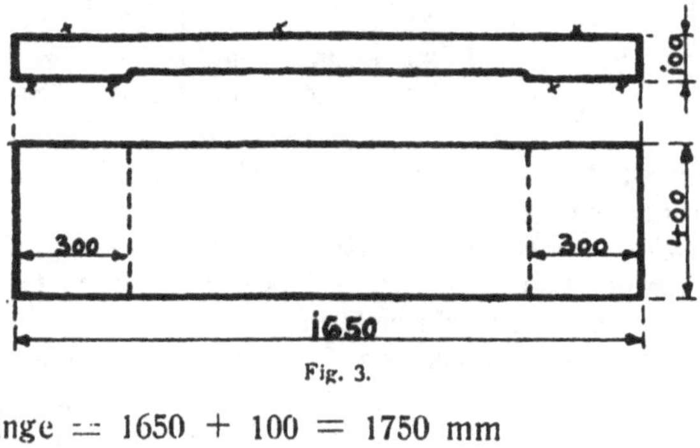

Fig. 3.

Hublänge = 1650 + 100 = 1750 mm
Doppelhübe p. Min. = 3,1
Vorschub 2 Zähne = 0,9 mm

Oberfläche hobeln:

In Längsrichtung auf die Fußflächen spannen (Tab. 5) . . 19 Min.

Laufzeit für 2 Schnitte $T = \frac{400 \cdot 2}{3{,}1 \cdot 0{,}9}$ . . . . = 286 Min.

Beide Fußflächen hobeln (jede für sich):

In Längsrichtung umspannen auf die gehobelte Fläche . . . . 13 Min.

Hublänge = 300 + 100 = 400 mm
Doppelhübe p. Min. = 13
Vorschub 2 Zähne = 0,9 mm

Laufzeit für 2 Schnitte über beide Fußflächen $T = \frac{400 \cdot 2 \cdot 2}{13 \cdot 0{,}9}$ 136 Min.

Stähle schleifen und einspannen . . . . 5 Min.
Schnitte anstellen und messen . . . . 5 Min.
Abspannen der fertigen Platte . . . . 7 Min.

Sa. 471 Min.

Aufgabe für Hobelmaschine Nr. 3.

Eine gußeiserne Prisma-Schiene hobeln. Fig. 4.

Aufspannen nnd ausrichten ca. . . . . 14 Min.

1) Untere Seite hobeln:

1. Schnitt Vorschub = 1,2 mm,
2. Schnitt Vorschub = 1,8 mm,
Hublänge = 1200 + 300 = 1500 mm,
Zahl der Doppelhübe bei 1500 mm Hublänge = 2,6 p. Min.

Zeit für den 1. Schnitt $T = \frac{270}{2{,}6 \cdot 1{,}2} = \sim 86$ . . 86 Min.

Zeit für den 2. Schnitt $T = \frac{270}{2{,}6 \cdot 1{,}8}$ ~ 58 . . . 58 Min.

2) Rechte Seitenfläche hobeln:

1. Schnitt mit 0,8 mm Vorschub (vertikal)
2. Schnitt mit 1,2 mm Vorschub „

Zeit für den 1. Schnitt $T = \frac{150}{2{,}6 \cdot 0{,}8}$ ~ 72 . . . 72 Min.

Zeit für den 2. Schnitt $T = \frac{150}{2{,}6 \cdot 1{,}2} = \sim 48$ . . . 48 Min.

3) Linke Seitenfläche hobeln, wie unter 2:

1. Schnitt	72 Min.
2. Schnitt	48 Min.
Aufspannen auf die gehobelte Grundfläche	9 Min.

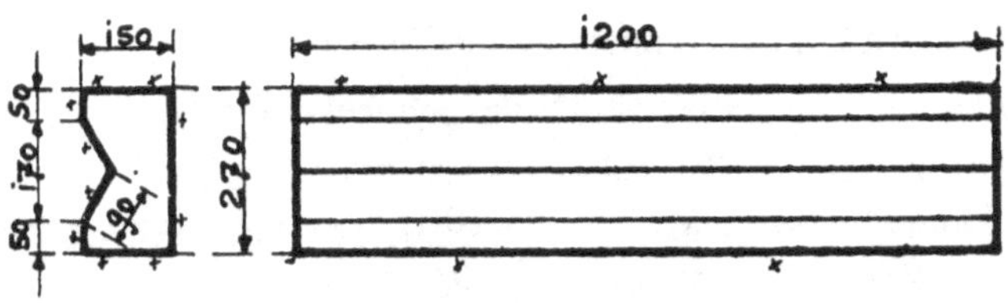

Fig. 4.

4) 2 obere Flächen hobeln, Breite 2×50 mm:

Vorschub beim 1. Schnitt = 1,2 mm,

Vorschub beim 2. Schnitt = 1,8 mm,

Zeit für den 1. Schnitt $T = \frac{2 \cdot 50}{2,6 \cdot 1,2} = 32$ . . . . 32 Min.

Zeit für den 2. Schnitt $T = \frac{2 \cdot 50}{2,6 \cdot 1,8} = 21,5$ . . . $\sim$ 22 Min.

5) 2 Schrägen hobeln, Breite 2×90 mm

3 Schnitte mit 0,8 mm Vorschub.

Zeit für 3 Schnitte $T = \frac{2 \cdot 90 \cdot 3}{2,6 \cdot 0,8} = 260$ . . . . 260 Min.

Stähle schleifen und einspannen	10 Min.
Schnitte anstellen und messen	20 Min.
Abspannen des Arbeitsstückes	6 Min.
	Sa. 757 Min.

Aufgabe für Hobelmaschine Nr. 3.

Ein gußeisernes Drehbankgestell — Fig. 5 — hobeln.

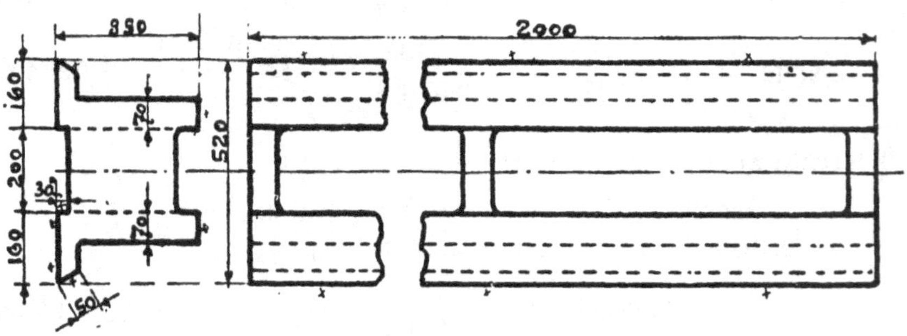

Fig. 5.

Hublänge = 2000 + 300 = 2300 mm.

Die Schnittgeschwindigkeit liegt laut Tabelle 3, Seite 12 zwischen 7,85 und 8,05 m/Min.; ist also ca. 7,95 m/Min.

Nach Formel 2, Seite 11 ist

$$\text{die Zahl der minutlichen Doppelhübe} = \frac{v \text{ in m/Min.}}{\text{Hublänge in m} \times 2}$$

$$\text{Werte eingesetzt} \quad = \frac{7{,}95}{2{,}3 \cdot 2} = 1{,}72.$$

Aufspannen auf die Bettfläche und Ausrichten ca. 29 Min.

1.) 2 untere Leisten hobeln, je 2 Schnitte.

Breite = 2 × 70 mm, Vorschub = 1,2 mm.

$T = \frac{2 \cdot 70 \cdot 2}{1{,}72 \cdot 1{,}2} = 136$ . . . . 136 Min.

Umspannen auf die gehobelten Leisten ca. . . . . 20 Min.

2.) 2 obere Flächen hobeln, je 2 Schnitte.

Breite = 2 × 160 mm, Vorschub = 1,2 mm.

$T = \frac{2 \cdot 160 \cdot 2}{1{,}72 \cdot 1{,}2} = 310$ . . . . 310 Min.

3.) 2 innere Führungskanten hobeln, je 2 Schnitte.

Breite = 2 × 30 mm, Vorschub = 0,8 mm (vertikal)

$T = \frac{2 \cdot 30 \cdot 2}{1{,}72 \cdot 0{,}8} = 87$ . . . . 87 Min.

4.) 2 Schrägen hobeln; je 3 Schnitte.

Breite = 2 × 50 mm, Vorschub 0,8 mm.

$T = \frac{2 \cdot 50 \cdot 3}{1{,}72 \cdot 0{,}8} = 218$ . . . . 218 Min.

Stähle schleifen und einspannen . . . . 15 Min.

Schnitte anstellen und messen . . . . 15 Min.

Arbeitsstück abspannen . . . . 10 Min.

Sa. 840 Min.

Die folgende Tafel, die in einem Großbetriebe nach der Wirklichkeit aufgestellt wurde, gibt eine Gegenüberstellung der minutlichen Hubzahlen von 14 Langhobelmaschinen verschiedener Tischlänge. Die oberste wagerechte Reihe gibt die Maschinen-Nummern an, die 2. Reihe den kürzesten einstellbaren Hub, die 3. den Ueberlauf beim An- und Ausschnitt zuzammengenommen, und die äußerste linke senkrechte Reihe die Hublängen. Verfolgt man bei einer beliebigen Hublänge von links nach rechts die Hubzahlen, so zeigen sich darin ganz erhebliche Unterschiede; bei einer Hublänge von 4000 mm z. B. ist die kleinste minutliche Hubzahl 0,83, die größte dagegen 1,15. In demselben Verhältnis stehen auch die Laufzeiten zueinander, soweit an beiden Maschinen der gleiche Vorschub eingesetzt wird.

Langhobelmaschinen.

№.	1	2	3	4	5	6	7	8	9	10	11	12	13	14
kz. Hub	800	600	400	400	475	230	350	200	350	400	175	200	400	250
Überlf.	240	225	300	300	250	250	110	250	175	250	150	120	250	200
Hublg.	Doppelhübe i. d. Minute.													
200								12			20	20		
3						10		9,8			13	15		17
4			8,8	8,8		8	9,2	7,8	8,5	8,2	10,5	12,5	12	13
500			7,2	7,2	8,2	6,4	7,5	6,2	7	6,8	8,4	10	10	10,6
6		6,1	6	6,1	7,1	5,35	6,4	5,15	5,9	5,8	7,1	8,8	8,3	9,1
7		5,3	5,1	5,2	6,1	4,5	5,6	4,5	5	5,3	6,1	7,5	7,3	7,7
8	4,1	4,6	4,5	4,6	5,4	4	5	4	4,5	4,8	5,45	6,6	6,5	6,8
9	3,75	4,2	4	4,1	4,8	3,6	4,5	3,55	4	4,3	4,8	5,8	5,7	6
1000	3,45	3,75	3,5	3,6	4,45	3,2	4,05	3,2	3,6	4	4,35	5,2	5,2	5,2
2	2,9	3,1	3	3,1	3,7	2,7	3,4	2,7	3,2	3,5	3,64	4,4	4,4	4,5
4	2,5	2,73	2,6	2,7	3,2	2,3	3	2,3	2,75	3,1	3,15	3,7	3,7	3,9
6	2,2	2,4	2,3	2,4	2,8	2	2,6	2,03	2,35	2,9	2,75	3,3	3,3	3,5
8	2	2,13	2,05	2,2	2,5	1,8	2,3	1,8	2,1	2,6	2,45	3	3	
2000	1,8	1,95	1,87	1,96	2,3	1,66	2,1	1,66	1,9	2,4	2,22	2,7		
2	1,65	1,76	1,74	1,78	2,1	1,5	1,9	1,5	1,73	2,2	2	2,4		
4	1,5	1,62	1,6	1,65	1,95	1,4	1,75	1,38	1,58	2	1,9	2,2		
6	1,38	1,5	1,5	1,55	1,8	1,3	1,6	1,26	1,46	1,87	1,82	2,1		
8	1,28	1,4	1,4	1,42	1,65	1,2	1,5	1,18	1,36	1,74				
3000	1,2	1,32	1,3	1,32	1,55	1,1	1,4	1,1	1,28	1,63				
2	1,12	1,24	1,2	1,22	1,45	1	1,3	1,03	1,2	1,53				
4	1,05	1,17	1,13	1,16	1,35	0,96	1,23	0,97	1,12	1,45				
6	1	1,1	1,07	1,1	1,3	0,92	1,17	0,92	1,06	1,36				
8	0,94	1,05	1	1,04	1,23	0,87	1,1	0,87						
4000	0,9	1,02	0,96	1	1,15	0,83	1,06	0,83						
2	0,85	0,97	0,92	0,95	1,1									
4	0,82	0,93	0,87	0,92	1,05									
6	0,78	0,89	0,84	0,88										
8	0,75	0,86	0,8	0,85										
5000	0,72	0,83	0,77	0,81										
2	0,69	0,79												
4	0,66	0,77												
6	0,64	0,75												
8	0,62	0,72												
6000	0,6	0,7												

Wenn nun in einem Betriebe die Aufnahme der vorhandenen Maschinen nach Hubzahl, Schnittgeschwindigkeit und Vorschub, wie zu Anfang beschrieben, nicht durchgeführt werden kann, die Akkordpreise aber doch vorher bestimmt werden sollen, dann muß man seiner Rechnung brauchbare Durchschnittswerte zugrunde legen.

Die folgende Tabelle würde diesem Zweck entsprechen. Es ist dabei vorausgesetzt, daß mit ansteigender Hobellänge auch die übrigeh Abmessungen, wie die ganze Bauart der Maschinen, stärker werden, um die unten angegebenen größeren Schnittiefen und Vorschübe bewältigen zu können.

TABELLE 6.
Durchschnittswerte für Langhobelmaschinen.

Bei Langhobelmaschinen mit einer größten Hublänge =	beträgt im Durchschnitt die Schnittgeschwindigkeit v		Bei einer Schnittiefe von	kann der Vorschub*) angenommen werden =
	in m/Min.	in mm/Sek.		
2 m	9—10	150—166	5—7 mm	0,7—1 mm
4 „	8—9	134—150	6—8 „	1—1,5 „
8 „	7—8	117—133	7—9 „	1,5—2,5 „

*) Der Vorschub für das sogenannte Breitschlichten kann bis auf ca. 10 mm gesteigert werden.

Bei Benutzung dieser Tabelle berechnet man die Laufzeit am besten nach der Formel 5, Seite 14.

Der Vollständigkeit wegen sind in der nächsten Tabelle Nr. 7 die aus den Angaben der Tabelle 6 für Langhobelmaschinen von 2 resp. 4 und 8 m Hublänge sich ergebenden abgestuften Durchschnitts-Schnittgeschwindigkeiten und Hubzahlen ausgerechnet.

Beispiel: Auf einer Maschine mit 4 m Hublänge soll eine Fläche 3800 mm lang und 300 mm breit mit 2 Schnitten gehobelt werden; der Vorschub betrage 1,5 mm, der Ueberlauf 200 mm, dann ist der Hub = 4000 mm.

Setzt man in die Rechnung die Schnittgeschwindigkeit — 150 mm/Sek. — ein, dann ist die Laufzeit in Min.

$$T = \frac{4000 \cdot 2 \cdot 300 \cdot 2}{150 \cdot 1,5 \cdot 60} = 355 \text{ Min.}$$

Setzt man in die Rechnung die Hubzahl — 1,12 — ein, dann muß sich natürlich dieselbe Laufzeit ergeben

$$T = \frac{300 \cdot 2}{1,12 \cdot 1,5} = 355 \text{ Min.}$$

Ein schnelles Rechnen ermöglicht ferner die Tabelle 8—8 a, welcher die minutlichen Doppelhübe der Tabelle 7 zu Grunde gelegt sind.

In Tab. 8—8 a ist für die 3 Maschinengrößen von 2, 4 und 8 m Hobellänge die Laufzeit in Minuten für 10 mm Hobelbreite und 1 Schnitt bei verschiedenen Vorschüben ausgerechnet. Man hat bei Benutzung dieser Tabelle also nur nötig, die aus derselben entnommene Laufzeit mit $^1/_{10}$ der Hobelbreite zu multiplizieren; bei 2 und mehr Schnitten muß das Resultat natürlich noch mit der Schnittzahl multipliziert werden.

Beim Aufsuchen der Hublänge ist darauf zu achten, daß zu der Länge des Arbeitsstückes noch der Ueberlauf hinzu gerechnet wird, da die Hublänge = Arbeitslänge + Ueberlauf.

Als Durchschnittswerte für den Ueberlauf kann man annehmen: an Hobelmaschinen mit einer größten Hublänge =

2 m — Ueberlauf = ca. 100 mm
4 „ — „ = „ 200—250 mm
8 „ — „ „ 300—350 „

Beispiel: Auf einer Langhobelmaschine von ca. 8 m Hobellänge soll eine Fläche von 6100 mm Länge und 280 mm Breite mit 1 Schnitt gehobelt werden; der Vorschub betrage 1,25 mm, der Ueberlauf 300 mm; dann ist die Hublänge = 6400 mm.

TABELLE 7.

Schnittgeschwindigkeiten und minutliche Doppelhübe für Langhobelmaschinen.

Größte Hublänge 2 m				Größte Hublänge 4 m				Größte Hublänge 8 m			
Hublänge mm	Schnittgeschw. v in mm/Sek.	Schnittgeschw. v in m/Min.	Doppelhübe p. Minute	Hublänge mm	Schnittgeschw. v in mm/Sek.	Schnittgeschw. v in m/Min.	Doppelhübe p. Minute	Hublänge mm	Schnittgeschw. v in mm/Sek.	Schnittgeschw. v in m/Min.	Doppelhübe p. Minute
300	150	9	15	400	134	8,04	10	400	108	6,48	8,1
400	151	9,06	11,3	500	134	8,04	8	500	108	6,48	6,5
500	152	9,12	9,1	600	135	8,1	6,7	600	109	6,54	5,4
600	153	9,18	7,7	700	135	8,1	5,7	700	109	6,54	4,7
700	154	9,24	6,6	800	136	8,16	5,1	800	110	6,6	4,1
800	155	9,3	5,8	900	136	8,16	4,5	900	110	6,6	3,7
900	156	9,36	5,2	1000	137	8,2	4,1	1000	111	6,66	3,3
1000	157	9,42	4,7	1200	138	8,28	3,4	1200	111	6,66	2,8
1100	158	9,48	4,3	1400	139	8,34	3	1400	112	6,7	2,4
1200	159	9,54	4	1600	140	8,4	2,6	1600	112	6,7	2,1
1300	160	9,6	3,7	1800	141	8,46	2,3	1800	113	6,78	1,9
1400	161	9,66	3,4	2000	142	8,52	2,1	2000	113	6,78	1,7
1500	162	9,72	3,2	2200	143	8,58	1,95	2200	114	6,84	1,55
1600	163	9,78	3	2400	144	8,64	1,8	2400	114	6,84	1,42
1700	164	9,84	2,9	2600	145	8,7	1,67	2600	115	6,9	1,33
1800	165	9,9	2,75	2800	146	8,76	1,56	2800	115	6,9	1,23
1900	166	9,96	2,6	3000	147	8,82	1,47	3000	116	6,96	1,16
2000	167	10,02	2,5	3200	148	8,88	1,4	3200	116	6,96	1,09
				3400	149	8,94	1,32	3400	117	7,02	1,03
				3600	149	8,94	1,24	3600	117	7,02	0,97
				3800	150	9	1,18	3800	118	7,08	0,93
				4000	150	9	1,12	4000	118	7,08	0,88
								4200	119	7,14	0,85
								4400	119	7,14	0,81
								4600	120	7,2	0,78
								4800	120	7,2	0,75
								5000	120	7,2	0,72
								5200	121	7,26	0,7
								5400	121	7,26	0,67
								5600	121	7,26	0,65
								5800	122	7,32	0,63
								6000	122	7,32	0,61
								6200	122	7,32	0,59
								6400	123	7,38	0,58
								6600	123	7,38	0,56
								6800	123	7,38	0,54
								7000	124	7,44	0,53
								7200	124	7,44	0,52
								7400	124	7,44	0,5
								7600	125	7,5	0,49
								7800	125	7,5	0,48
								8000	125	7,5	0,47

TABELLE 8.

Ausgerechnete Laufzeiten in Minuten für 10 mm Hobelbreite und 1 Schnitt an Langhobelmaschinen von 2 und 4 m Hublänge.

Grösste Hublänge 2 m					
Hub-Länge	Vorschub in mm 0,8	1	1,25	1,5	1,75
300	0,83	0,66	0,53	0,44	0,36
400	1,1	0,88	0,7	0,58	0,5
500	1,38	1,1	0,88	0,73	0,63
600	1,6	1,28	1,12	0,75	0,73
700	1,9	1,52	1,22	1	0,87
800	2,15	1,72	1,37	1,14	0,98
900	2,4	1,92	1,54	1,28	1,1
1000	2,65	2,22	1,7	1,4	1,21
1100	2,9	2,32	1 86	1,54	1,32
1200	3,12	2,5	2	1,66	1,42
1300	3,4	2,73	2,18	1,8	1,56
1400	3,68	2,95	2,35	1,96	1,68
1500	3,9	3,12	2,5	2,08	1,78
1600	4,16	3,33	2,67	2,2	1,9
1700	4,3	3,45	2,75	2,3	1,97
1800	4,55	3,65	2,9	2,42	2,08
1900	4,8	3,85	3,08	2,55	2,2
2000	5	4	3,2	2,65	2,3

Grösste Hublänge 4 m					
Hub-Länge	Vorschub in mm 0,8	1	1,25	1,5	1,75
400	1,25	1	0,8	0,66	0,57
500	1,56	1,25	1	0,83	0,71
600	1,86	1,48	1,19	0,99	0,85
700	2,2	1,76	1,4	1,17	1
800	2,45	1,96	1,57	1,3	1,12
900	2,78	2,23	1,78	1,48	1,27
1000	3,05	2,45	1,95	1,62	1,4
1200	3,68	2,95	2,35	1,96	1,68
1400	4,16	3,33	2,66	2,22	1,9
1600	4,8	3,85	3,07	2,55	2,2
1800	5,4	4,3	3,45	2,88	2,46
2000	5,95	4,75	3,8	3,17	2,72
2200	6,45	5,1	4,1	3,4	2,92
2400	6,95	5,57	4,45	3,7	3,18
2600	7,5	6	4,8	4	3,43
2800	8	5,4	5,1	4,25	3,65
3000	8,5	6,8	5,42	4,5	3,88
3200	9	7,1	5,7	4,75	4,07
3400	9,5	7,6	6,1	5	4,35
3600	10,1	8,1	6,45	5,35	4,6
3800	10,6	8,5	6,8	5,65	4,85
4000	11,2	9	7,15	6	5,1

TABELLE 8a.

Ausgerechnete Laufzeiten in Minuten für 10 mm Hobelbreite nud 1 Schnitt an Langhobelmaschinen von 8 m Hublänge.

Grösste Hublänge 8 m					
Hub-Länge	Vorschub in mm 0,8	1	1,25	1,5	1,75
400	1,54	1,23	0,98	0,82	0,7
500	1,94	1,47	1,24	1,03	0,89
600	2,3	1,84	1,47	1,22	1,05
700	2,65	2,12	1,7	1,42	1,2
800	3,05	2,45	1,95	1,62	1,4
900	3,38	2,7	2,15	1,8	1,58
1000	3,8	3,05	2,45	2,02	1,75
1200	4,55	3,65	2,9	2,42	2,07
1400	5,2	4,15	3,3	2,77	2,37
1600	5,95	4,75	3,8	3,17	2,72
1800	6,6	5,3	4,2	3,5	3
2000	7,35	5,9	4,7	3,92	3,35
2200	8,1	6,5	5,2	4,3	3,7
2400	8,8	7	5,6	4,7	4
2600	9,4	7,5	6	5	4,3
2800	10,1	8,1	6,45	5,4	4,6
3000	10,8	8,6	6,9	5,75	4,95
3200	11,5	9,2	7,35	6,15	5,25
3400	12,2	9,75	7,8	6,5	5,6
3600	12,9	10,3	8,2	6,9	5,9
3800	13,5	10,8	8,6	7,2	6,2
4000	14,2	11,3	9,1	7,55	6,5

Grösste Hublänge 8 m					
Hub-Länge	Vorschub in mm 0,8	1	1,25	1,5	1,75
4200	14,8	11,8	9,5	7,9	6,7
4400	15,4	12,3	9,8	8,2	7
4600	16	12,8	10,2	8,5	7,3
4600	16,7	13,4	10,7	8,9	7,6
5000	17,4	13,9	11,1	9,3	7,95
5200	18	14,4	11,5	9,6	8,2
5400	18,6	14,9	11,9	9,9	8,5
5600	19,2	15,4	12,3	10,2	8,75
5800	19,8	15,9	12,7	10,6	9,05
6000	20,5	16,4	13,1	11	9,35
6200	21,2	17	13,6	11,3	9,7
6400	21,8	17,6	14	11,6	10
6600	22,3	18	14,35	11,9	10,25
6800	23	18,5	14,7	12,2	10,5
7000	23,7	19	15,2	12,6	10,8
7200	24,4	19,5	15,6	13	11,1
7400	25	20	16	13,3	11,4
7600	25,5	20,4	16,3	13,6	11,65
7800	26	20,8	16,6	13,9	11,9
8000	26,5	21,2	17	14,2	12,1

Die Tabelle 8 a gibt für 10 mm Hobelbreite in diesem Fall eine Laufzeit = 14 Min. an; die Laufzeit für die ganze Breite ist demnach 14 · 28 = 392 Minuten.

Zusammenstellung der für Hobelarbeiten in Frage kommenden Formeln:

$$\nu \text{ in m/Min.} = \frac{\text{Hublänge (in m)} \times 2}{\text{Zeit für 1 Doppelhub (in Min.)}}$$

$$\nu_1 \text{ in mm/Sek.} = \frac{\text{Hublänge (in mm)} \times 2}{\text{Zeit für 1 Doppelhub in (Sek.)}}; \text{ ferner ist}$$

$$\nu \text{ in m/Min.} = \text{Hublänge (in m)} \times 2 \times \text{Zahl der minutl. Doppelhübe}$$

$$\nu_1 \text{ in mm/Sek.} = \frac{\text{Hublänge (in mm)} \times 2 \times \text{Zahl der minutl. Doppelhübe}}{60.}$$

$$\text{Die Zahl der minutl. Doppelhübe} = \frac{\nu \text{ in m/Min.}}{2 \times \text{Hublänge in m}} \text{ oder}$$

$$\text{Die Zahl der minutl. Doppelhübe} = \frac{\nu_1 \text{ in mm/Sek.} \times 60}{2 \times \text{Hublänge in mm}}$$

$$\text{Die Zeit für 1 Doppelhub in Min.} = \frac{\text{Hublänge (in m)} \times 2}{\nu \text{ (in m/Min.)}}$$

$$\text{Die Zeit für 1 Doppelhub in Sek.} = \frac{\text{Hublänge (in mm)} \times 2}{\nu_1 \text{ (in mm/Sek.)}}$$

$$\text{Laufzeit für } x \text{ Schnitte in Min. } T = \frac{\text{Hublänge(mm)} \times 2 \times \text{Breite(mm)} \times x}{\nu_1 \text{ in mm/Sek.} \times \text{Vorschub(mm)} \times 60}$$

oder, wenn Vor- und Rücklaufsgeschwindigkeit bekannt, ist

$$T = \left(\frac{\text{Hublänge (mm)}}{\text{Vorlaufsgeschw. in mm/Sek.}} + \frac{\text{Hublänge (mm)}}{\text{Rücklaufsgeschw. in mm/Sek.}} \right) \frac{\text{Breite (mm)} \times x}{\text{Vorschub (mm)} \times 60}$$

Ist die Zahl der minutlichen Doppelhübe bekannt, dann ist

$$T = \frac{\text{Hobelbreite in mm} \times \text{Schnittzahl}}{\text{Zahl der minutl. Doppelhübe} \times \text{Vorschub in mm}}$$

II. Arbeiten auf Hobel- und Shapingmaschinen mit Antrieb durch Stufenscheibe und Kulisse oder Kurbelschleife.

Im Gegensatz zu den Langhobelmaschinen mit Riemenumsteuerung und einfacher Antriebsscheibe ist die Berechnung der Bearbeitungszeit auf Hobelmaschinen mit Antrieb, durch Stufenscheibe und Kulisse oder Kurbelschleife eine wesentlich andere. Während die Schnittgeschwindigkeit bei den Maschinen der ersteren Gattung nur in engen Grenzen schwankt, (bei der Maschine Nr. 4 im vorigen Abschnitt zwischen 8,3 und 10,7 m/Min.) treten bei allen Maschinen der letzteren Gattung ganz erhebliche Unterschiede in der Schnittgeschwindigkeit auf.

Um sich hierüber ein klares Bild zu verschaffen, ist es nötig, an einer beliebigen Shapingmaschine die Zahl der minutlichen Doppelhübe festzustellen.

Nehmen wir als Beispiel eine Maschine an, die mit einer 4 stufigen Antriebsscheibe ausgestattet ist.

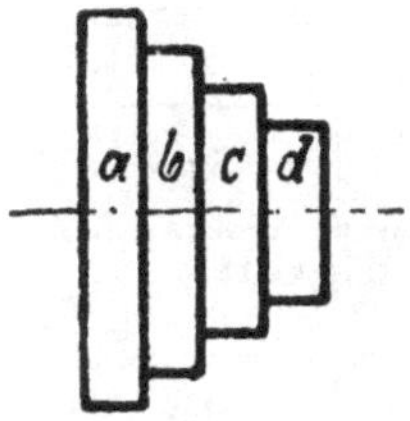

Fig. 6. Untere Stufenscheibe an der Maschine

Diese Maschine macht bei Antrieb durch

Stufe *a* 11 Doppelhübe i. d. Minute
„ *b* 19 „ „ „
„ *c* 31 „ „ „
„ *d* 56 „ „ „

Die Hublänge läßt sich durch Verstellen des Bolzens in der Kurbelscheibe oder Kulisse beliebig einstellen; für unseren Zweck betrage der kürzeste Hub 25 mm, der längste 375 mm. Die Schnittgeschwindigkeit ist dann sehr gering beim langsamsten Gang und kürzesten Hub, und sehr hoch beim schnellsten Gang und längsten Hub.

Ein Beispiel mag dies erläutern:

Erfolgt bei einer Hublänge =	der Antrieb durch Stufe	gleich minutl. Doppelhübe	dann ist die Schnittgeschwindigkeit =
25 mm	b	19	$19 \cdot 2 \cdot 0{,}025 = 0{,}95$ m/Min.
375 „	b	19	$19 \cdot 2 \cdot 0{,}375 = 14{,}25$ „
375 „	d	56	$56 \cdot 2 \cdot 0{,}375 = 42$ „

Diese Berechnung ist nun nicht ganz genau, und zwar muß noch die bei jedem Kurbeltrieb in der Nähe des höchsten und tiefsten Punktes des Kurbelweges auftretende Beschleunigung und daraus entstehende H ö c h s t schnittgeschwindigkeit in Rechnung gestellt werden.

Zur genauen Durchführung dieser Rechnung ist die Aufnahme eines Diagrammes an der Shapingmaschine erfolgreich, aus dem dann die wirkliche Höchstschnittgeschwindigkeit trigonometrisch zu ermitteln ist. Ich verweise hierbei auf die lesenswerten Abhandlungen des Herrn Oberingenieur K. Schmidt in der „Werkstatt-Technik"*). Für unseren Zweck genügt es jedoch, wenn wir zu der oben errechneten Schnittgeschwindigkeit von 0,95, 14,25 resp. 42 m/Min. einen Zuschlag von ca. 10 pCt. einstellen; wir erhalten dadurch ein für die Praxis durchaus brauchbares Resultat.

---

*) Mai 1909 und 1910. Praktische Winke für die Werkstattkalkulation von K. Schmidt, Bremen.

Eine für diese Maschine aufgestellte Tabelle folgt hier

Legen wir unserer Zeitberechnung die im vorigen Abschnitt auf S. 10*) bezeichneten Werte für Schnittgeschwindigkeit zu Grunde,

Shapingmaschine Nr. 9

Tabelle a.

Stufe	a	b	c	d
Doppelhübe i. d. Min.	11	19	31	56
Hublänge in mm	Höchstschnittgeschwindigkeit in m/Min			
50	1,2	2,1	3,4	6,3
75	1,8	3,1	5,1	9,2
100	2,4	4,2	6,8	12,3
125	3	5,2	8,5	15,4
150	3,6	6,2	10,2	20
175	4,2	7,3	12	21,5
200	4,8	8,3	13,7	24,5
225	5,4	9,4	15,3	27,6
250	6	10,4	17	30,6
275	6,7	11,5	18,7	34
300	7,2	12,5	20,2	37
325	7,8	13,5	22	40
350	8,5	14,6	23,8	43
375	9	15,7	25,5	46

Vorschübe

Zähne	1	2	3	4	5
mm	0,35	0,7	1,05	1,4	1,75

so können wir aus obiger Tabelle sofort ablesen, mit welcher Stufe der Antriebsscheibe die Maschine bei einer bestimmten Hublänge und bestimmtem Material des Arbeitsstückes laufen muß.

Einige Beispiele mögen dies veranschaulichen

Bei einer Hublänge =	Material des Arbeitsstückes	erfolgt der Antrieb durch Stufe	Höchstschnittgeschw. in m/Min.
225 mm	Gußeisen	b; n = 19	9,4
300 "	do.	a; n = 11	7,2
125 "	Schmiedeeisen	d; n = 56	15,4
325 "	do.	b; n = 19	13,5
275 "	Bronze	c, n = 31	18,7

*) Tabelle 1

Aus diesen Beispielen ist zu ersehen, daß die erzielte Schnittgeschwindigkeit noch unterhalb der auf Seite 10*) angegebenen Grenzwerte liegt, daß diese Grenzwerte aber sofort überschritten würden, wenn man die Maschine mit dem nächst schnelleren Gang laufen ließe.

Es ist nun erforderlich, daß der Hobler in der Werkstatt auch tatsächlich mit der entsprechenden Stufe der Antriebsscheibe arbeitet, um eine Uebereinstimmung mit der Berechnung des Kalkulators

Shapingmaschine Nr. 9

Untere Stufenscheibe an der Maschine

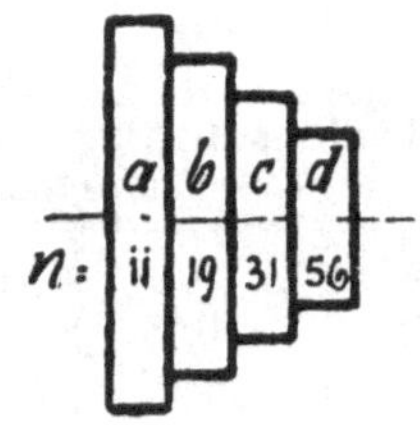

Fig. 7
n = Doppelhübe i. d. Min.

Tabelle b.

Material	Festigkeit in kg p. m/m²	Hublänge in mm						
		bis 100	100 bis 150	150 bis 200	200 bis 250	250 bis 300	300 bis 350	350 bis 375
		Stufe	Stufe	Stufe	Stufe	Stufe	Stufe	Stufe
Chrom-Nickelstahl	80	c	b	b**	a	a	a**	—
Chrom-Nickelstahl	70	c	b	b	a	a	a	a
Nickelstahl u. Stahlguß	60	c	c**	b	a	a	a.	a
Nickelstahl u. Stahlguß Gußeisen und harte Bronce	50 }	d**	c	b	b	a	a	a
SM-Stahl, Schm.-Eisen und Aluminium		d	d	c	c	c**	b	b
weiche Bronce und Rotguß		d	d	d	d**	c	c	c

zu erzielen. Zu diesem Zwecke stellt man die folgende Tabelle auf (Nr. 9, Tabelle b), die von der Tabelle 9a abgeleitet ist und wohl keiner weiteren Erklärung bedarf. Der Uebersichtlichkeit wegen sind die Hublängen von 50 zu 50 mm zusammengezogen. Sie bietet ein

*) Tabelle 1.

**) Hier sind die Grenzwerte bereits um ein Geringes überschritten, doch kann bei ganz geringer Schnittiefe die Stufe noch benutzt werden.

sicheres Mittel, um bei jeder beliebigen Hublänge und beliebigem Material stets die richtige Schnittgeschwindigkeit zu erzielen, was selbst dem geübtesten Arbeiter nach Augenmaß gar nicht möglich ist.

Zum Vergleich sei der soeben dargestellten Shapingmaschine eine andere, wesentlich schneller laufende gegenübergestellt.

Shapingmaschine Nr. 10

Tabelle a.

Stufe	a	b	c	d
Doppelhübe i.d. Min.	41	50	60	74
Hublänge in mm	Höchstschnittgeschwindigkeit in m/Min.			
50	4,5	5,5	6,6	8,1
75	6,75	8,25	9,9	12,2
100	9	11	13,2	16,2
125	11,3	13,7	16,5	20,3
150	13,5	16,5	19,8	24,4
175	15,8	19,2	23,1	28,5
200	18	22	26,4	32,5
225	20,3	24,6	29,7	36,5
250	22,5	27,5	33	40,6
275	24,8	30,2	36,3	44,6
300	27	33	39,6	49

Vorschübe

Zähne	1	2	3	4	5
mm	0,5	1	1,5	2	2,5

Shapingmaschine Nr. 10

Untere Stufenscheibe an der Maschine

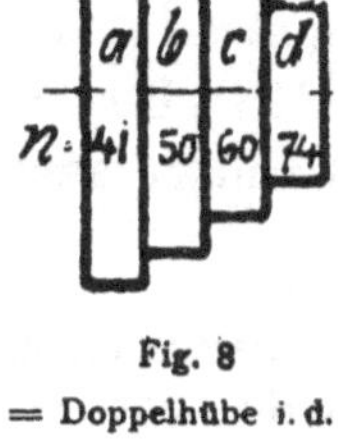

Fig. 8

n = Doppelhübe i. d. Min.

Tabelle b.

Material	Festigkeit in kg p. m/m²	Hublänge in m/m						
		bis 50	50 bis 75	75 bis 100	100 bis 125	125 bis 175	175 bis 225	225 bis 300
		Stufe	Stufe	Stufe	Stufe	Stufe	Stufe	Stufe
Chrom-Nickelstahl	80	d*	b*					
Chrom-Nickelstahl	70	d	b	a				
Nickelstahl u. Stahlguß	60	d	c	a				
Nickelstahl u. Stahlguß / Gußeisen und harte Bronce	50	d	d*	b	a			
SM-Stahl, Schm.-Eisen und Aluminium		d	d	d	d*	b	a*	
weiche Bronce und Rotguß		d	d	d	d	d	c	a

Anschließend hieran folge eine Tabelle über die Aufspannzeiten an Shapingmaschinen.

TABELLE 11

Zeittabelle für das Einspannen und Ausrichten kastenförmiger Körper im Schraubstock der Shaping- oder Tischfräsmaschine

Grundfläche in mm		Höhe in Millimeter					
		25	50	100	200	300	400
		Min.	Min.	Min.	Min.	Min.	Min.
50 × 50, 75 × 35, 100 × 25	I	2,5	2,5	3			
	II	3	3	4			
100 × 100, 150 × 65, 200 × 50	I	3	3	3,5	4		
	II	4	4	4,5	5,5		
150 × 150, 225 × 100, 300 × 75	I	3	3,5	3,5	4	4,5	5
	II	4	4,5	4,5	5,5	6	6,5
200 × 200, 300 × 130, 400 × 100	I	3,5	3,5	4	4,5	4,5	5
	II	4,5	4,5	5,5	6	6	6,5
300 × 300, 450 × 200, 600 × 150	I	4	4	4,5	5	5	5,5
	II	5,5	5,5	6	6,5	6,5	7

*) Die zulässige Schnittgeschwindigkeit ist hier bereits überschritten; zum Schlichten oder zum Abnehmen eines geringen Spanes kann die Stufe aber noch benutzt werden.

I = einfaches Ausrichten nach rohen Flächen
II = schwieriges „ „ „ „

Von obigen Werten sind einzusetzen:

Bei Anfertigung von 2— 4 Körpern 70 pCt.
„ „ „ 5—10 „ 60 „
„ „ „ 11 u. mnhr „ 50 „

Für jedes Umspannen auf eine bearbeitete Fläche sind 50 pCt. des Tabellenwertes der Gruppe I einzusetzen.

Aufgabe für Shapingmaschine Nr. 9.

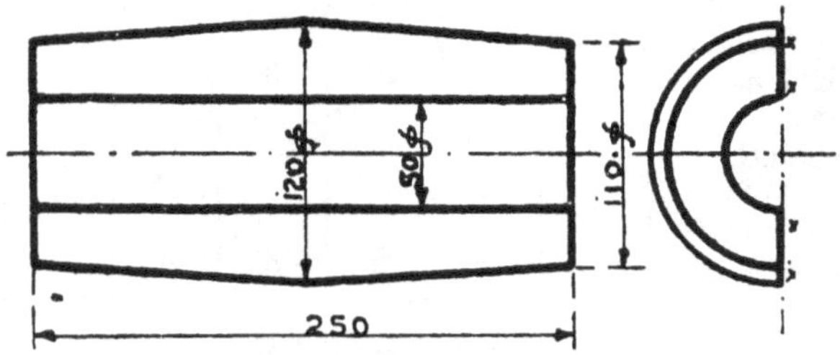

Fig. 9.

An einer gußeisernen Kuppelungshälfte, Fig. 9, die Teilfläche hobeln:

Hublänge	265 mm	
Hobelbreite = 120—50 =	70 „	
Vorschub 2 Zähne . . =	0,7 „	
Schnittzahl . . . . . =	2	
Doppelhübe, minutlich =	11 (Stufe *a*)	

Einspannen im Schraubstock der Shapingmaschine ca. . . . 4 Min.

Laufzeit in Min. $T = \frac{70 \cdot 2}{11 \cdot 0,7} = \sim$ . . . . 18 „

Stahl schleifen und einspannen, sowie Schnitt anstellen . . . 5 „

27 Min.

Aufgabe für Shapingmaschine Nr. 9.

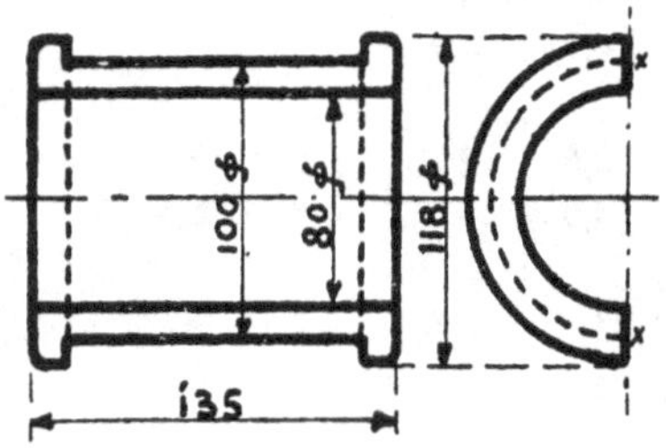

Fig. 10.

An einer Lagerschale aus Rotguß, Fig. 10, die Teilfläche hobeln.

Hublänge . . . . . =	145 mm	
Hobelbreite = 118—80	38 „	
Vorschub . . . . . =	0,7 „	
Schnittzagl . . . . . =	2 „	
Doppelhübe, minutlich =	56 (Stufe *d*)	

Einspannen im Schraubstock der Shapingmaschine ca. . . . 3 Min.

Laufzeit in Min. $T = \frac{38 \cdot 2}{56 \cdot 0,7} = \sim$ . . . . 2 „

Stahl schleifen und einspannen, sowie Schnitt anstellen . . . 2 „

7 Min.

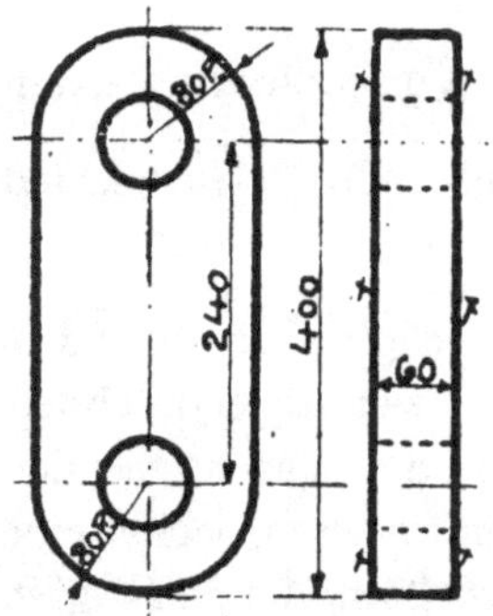

Fig. 11.

Aufgabe für Shapingmaschine Nr. 9 und 10.

An einer schmiedeeisernen Lasche, Fig. 11, sind die beiden 160 mm breiten Seiten in Querrichtung zu hobeln.

Hublänge . . = 175 mm
Hobelbreite . = 400 „
Schnittzahl . . = je 2

	Maschine Nr. 9.	Maschine Nr. 10.
Minutliche Doppelhübe =	31	50
Stufe	c	b
Vorschub . . . =	0,7	0,5 mm
Aufspannen i. Querrichtung =	4 Min.	4 Min.
4 Schnitte . . . . T =	$\frac{400 \cdot 2 \cdot 2}{31 \cdot 0{,}7} = 74$ „	$\frac{400 \cdot 2 \cdot 2}{50 \cdot 0{,}5} = 64$ „
Stahl schleifen, Schnitt anstellen und messen =	3 „	3 „
1 mal umspannen . . . =	2 „	2 „
Abspannen . . . . . =	1 „	1 „
	84 Min.	74 Min.

Auch hierbei zeigt sich, daß eine Bezahlung nach Flächeninhalt falsch wäre. Ueber diesen Punkt erhält man sofort Klarheit, wenn man für eine größere Anzahl Hobel- und Shapingmaschinen die vorbezeichneten Tabellen aufstellt. Die relativ größten Unterschiede in der Laufzeit entstehen beim Hobeln kleiner Flächen auf verschieden schnell laufenden Shapingmaschinen, und zwar erhält man die ungünstigsten Resultate, wenn an einem an sich großen Arbeitsstück eine kleine Fläche gehobelt werden soll, auf einer Shapingmaschine, die mit Stufenscheibe und Rädervorlege ausgestattet ist, also 6—8 Geschwindigkeiten hat. Diese Maschinen, deren Hub 1 m und darüber erreicht, laufen auch ohne Vorgelege infolge ihrer schwereren Bauart verhältnismäßig langsam.

Macht z. B. eine solche Maschine bei ihrem schnellsten Gang 38 Doppelhübe i. d. Minute, so wäre bei einer Hublänge = 50 mm, einer Flächenbreite = 300 mm und einem Vorschub = 0,8 mm, die Laufzeit für 2 Schnitte $T = \frac{300 \cdot 2}{38 \cdot 0{,}8} = 19{,}7$ Min.

Würde diese Fläche jedoch auf der Shapingmaschine Nr. 9 gehobelt werden, welche bei ihrem schnellsten Gang 56 Doppelhübe

i. d. Min. macht, so würde sich bei dem gleichen Vorschub von 0,8 mm eine Laufzeit $T\ \frac{300\ \ 2}{56\ \ 0{,}8}$ 13,4 Min. ergeben. Der Unterschied beträgt also 46 pCt.

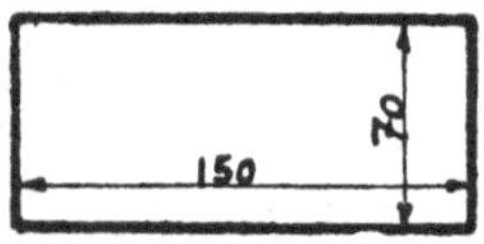

Fig. 12.

An zwei anderen Shapingmaschinen desselben Betriebes ergaben sich folgende Unterschiede beim Hobeln der nebenstehenden kleinen Fläche in Schmiedeeisen, wobei eine Schnittgeschwindigkeit = 20 m/Min. zulässig ist.

An der Maschine	minutl. Doppelhübe beim schnellsten Gang	geringster Vorschub mm	Hublänge mm	Laufzeit für 2 Schnitte Min.	Schnittgeschwindigkeit v m/Min.
1	80	0,4	75	$\frac{150\ \ 2}{80\ \ 0{,}4}$ 9,4	(2 80 0,075) + 10 % 13,2
2	30	0,65	75	$\frac{150\ \ 2}{30\ \ 0{,}65}$ 15,4	(2 30 0,075) + 10 % 4,95

Aus dem bisher Gesagten geht unzweifelhaft hervor, daß eine g e n a u e Berechnung der Hobelzeiten nur möglich ist an Hand der oben dargestellten Maschinentabellen, wo diese jedoch nicht bestehen, benütze man die nächsten Tabellen (Nr 12—15).

Bei mittleren Shaping- und Stoßmaschinen mit 3—4 Geschwindigkeiten (ohne Rädervorgelege) und einer größten Hublänge = ca. 500 mm kann man als Durchschnittwerte die Angaben der Tabelle 12 benutzen.

Bezüglich der besonders in der 1. Gruppe (50—100 mm Hublänge) scheinbar gering eingesetzten Schnittgeschwindigkeiten (z. B. Rotguß = 12,5 m/Min.) ist zu bemerken, daß zwar das betreffende Material eine bedeutend höhere Schnittgeschwindigkeit zuläßt, aber eine mit normaler Geschwindigkeit laufende Shapingmaschine keine höhere Leistung (Hublänge × Zahl der minutlichen Doppelhübe × 2) ergibt.

Die Angaben über Schnittiefen und Vorschübe sind so zu verstehen, daß bei großer Schnittiefe der geringe, und bei geringer Schnittiefe der größere Vorschub einzusetzen ist, z. B.

Wenn bei Gußeisen die Schnittiefe = 5 mm, dann sei der Vorschub = 0,75, wenn aber die Schnittiefe = 7 mm, dann sei der Vorschub = 0,5 mm.

Die Tabelle Nr 13 enthält die aus den Durchschnitts-Schnittgeschwindigkeiten der Tabelle 12 für Hublängen bis 500 mm errechneten minutlichen Doppelhübe.

TABELLE 12.*)

Durchschnittswerte für Schnittgeschwindigkeit und Vorschub an Shapingmaschinen mit einer größten Hublänge = ca. 500 mm.

Material	Festigkeit kg p. mm²	Hublänge mm	Schnittgeschw. v m/Min.	Schnittgeschw. v mm/Sek.	Wenn Schnitttiefe t = mm	kann Vorschub s sein = mm
Chrom-Nickelstahl	80		6	100	5—7	0,3—0,5
" "	70		6,5	108	"	0,4—0,6
Nickelstahl und Stahlguß	60	50	7	117	"	0,5—0,7
" " "	50	bis	7	117	"	0,5—0,75
Gußeisen u. harte Bronze		100	7	117	"	0,5—0,75
SM-Stahl u. Schmiedeeisen**			10	166	"	0,5—0,75
weiche Bronze u. Rotguß			12,5	208	"	0,5—0,75
Chrom-Nickelstahl	80		6,5	108	"	0,3—0,5
" "	70		7	117	"	0,4—0,6
Nickelstahl und Stahlguß	60	100	7,5	125	"	0,5—0,7
" " "	50	bis	8	133	"	0,5—0,75
Gußeisen u harte Bronze		250	8	133	"	0,5—0,75
SM-Stahl u. Schmiedeeisen**			13	217	"	0,5—0,75
weiche Bronze u. Rotguß			17	284	"	0,5—0,75
Chrom-Nickelstahl	80		7	117	"	0,3—0,5
" "	70		7,5	125	"	0,4—0,6
Nickelstahl und Stahlguß	60	250	8	133	"	0,5—0,7
" " "	50	bis	9	150	"	0,5—0,75
Gußeisen u. harte Bronze		500	9	150	"	0,5—0,75
SM-Stahl u. Schmiedeeisen**			18	300	"	0,5—0,75
weiche Bronze u. Rotguß			25	417	"	0,5—0,75

Beispiele für Tabelle Nr. 12.

Eine Fläche in SM-Stahl von 450 mm Länge und 200 mm Breite soll in Querrichtung gehobelt werden.

Die Hublänge beträgt ca. 220 mm.

Nach Tabelle 12 beträgt die Schnittgeschwindigkeit bei einer Hublänge zwischen 100 und 250 mm 13 m/Min. = 217 mm/Sek Die Hobelbreite ist = 450 mm, der Vorschub sei = 0,6 mm, die Schnittzahl sei = 2.

Dann ist die Laufzeit $T = \frac{220 \cdot 2 \cdot 450 \cdot 2}{217 \cdot 0{,}6 \cdot 60} = \sim 51$ Min.

(nach Formel 5, S. 14)

*) Bei Benutzung dieser Tabelle berechnet man die Laufzeit nach der Formel 5, S. 14.

**) Aluminium ist stets = Schmiedeeisen einzusetzen.

TABELLE 13.*)

Durchschnittszahlen für minutliche Doppelhübe an Shapingmaschinen mit einer größten Hublänge = ca. 500 mm.

Material	Chrom-Nickelstahl	Chrom-Nickelstahl	Nickelstahl u. Stahlguß	Nickelstahl u. Stahlguß / Gußeisen u. harte Bronze	SM-Stahl, Schmiedeeisen und Aluminium	Bronze und Rotguß
Festigkeit kg per mm²	80	70	60	50 /		
Hublänge	Doppelhübe i. d. Minute					
50	60	65	70	70	97	115
75	40	43	47	47	69	83
100	30	33	36	36	54	67
125	25	27	29	30	46	58
150	21	22,5	24	25	40	52
175	18	20	21	22	36	47
200	16	17	18,5	19,5	33	44
225	14,5	15,5	16,5	18	31	41
250	13	14	15	16,5	29	39
275	12	13	14	15	27,5	37
300	11	12	13	14	26,5	36
325	10,5	11	12	13	25,5	34,5
350	9,8	10,5	11,3	12,5	24,5	33,5
375	9,3	10	10,6	12	23,5	32,5
400	8,9	9,5	10	11,3	23	32
425	8,4	9	9,6	10,8	22,5	31
450	8	8,5	9,1	10,4	21,5	30,5
475	7,7	8,2	8,7	10	21,2	30
500	7,4	7,9	8,4	9,7	20,8	29,5

Rechnet man dieselbe Aufgabe nach der Formel 4, S. 13 mit Hilfe der Tabelle 13, d. h. legt man anstatt der Schnittgeschwindigkeit die dieser entsprechende Hubzahl zu Grunde, dann sieht die Rechnung so aus.

Die Zahl der minutlichen Doppelhübe für eine Hublänge von 225 mm gibt Tabelle 13 mit 31 an.

Dann ist die Laufzeit $T = \frac{450}{31} \cdot \frac{2}{0,6} \sim 49$ Min.

*) Bei Benutzung dieser Tabelle berechnet man die Laufzeit nach der Formel 4, S. 13.

Die kleine Differenz von 2 Minuten zwischen beiden Resultaten entsteht dadurch, daß die gleichmäßig abgestuften Hubzahlen der Tabelle 13 auf verschieden große Hublängen (100—250 mm der Tabelle 12) bezogen sind, für die nur e i n Durchschnittswert für Schnittgeschwindigkeit eingesetzt ist.

Für genaue Rechnungen sind daher stets die Hubzahlen der Tabelle 13 zu benutzen, während die Angaben über Schnittgeschwindigkeit in Tabelle 12 nur Ueberschlagswerte darstellen sollen.

Das Gleiche gilt sinngemäß auch für die beiden folgenden Tabellen Nr 14 und 15.

TABELLE 14.*)

Durchschnittswerte für Schnittgeschwindigkeit und Vorschub an Shapingmaschinen mit einer größten Hublänge = ca. 1 m.

Material	Festigkeit kg p. mm²	Hublänge mm	Schnittgeschw. v m/Min.	mm/Sek.	Wenn Schnitttiefe t = mm	kann Vorschub s sein = mm ohne Vorgelege	mit Vorgelege
Chrom-Nickelstahl	80		5	83	5—12	0,3—0,5	0,5 —0,7
„ „	70		5	83	„	0,4—0,6	0,6 —0,8
Nickelst. u. Stahlguß	60	50	5	83	„	0,5—0,7	0,7 —1
„ „ „	50	bis	5	83	„	0,5 0,75	0,75—1,3
Gußeis. u. h. Bronze		100	5	83	„	0,5—0,75	0,75—1,3
SM-St. u. Schm.-E **			8	133	„	0,5—0,75	0,75—1,4
w. Bronze u. Rotguß			10	166	„	0,5—0,75	0,75—1,5
Chrom-Nickelstahl	80		5,5	92	„	0,3—0,5	0,5 —0,7
„ „	70		5,5	92	„	0,4—0,6	0,6 —0,8
Nickelst. u. Stahlguß	60	100	6	100	„	0,5—0,7	0,7 —1
„ „ „	50	bis	6	100	„	0,5—0,75	0,75—1,3
Gußeis. u. h. Bronze		250	6	100	„	0,5—0,75	0,75—1,3
SM-St. u. Schm.-E.**			10	166	„	0,5—0,75	0,75—1,4
w. Bronze u. Rotguß			14	234	„	0,5—0,75	0,75—1,5
Chrom-Nickelsfahl	80		6	100	„	0,3—0,5	0,5 —0,7
„ „	70		6,5	108	„	0,4—0,6	0,6 —0,8
Nickelst. u. Stahlguß	60	250	7	117	„	0,5—0,7	0,7 —1
„ „ „	50	bis	8	133	„	0,5—0,75	0,75—1,3
Gußeis. u. h. Bronze		1000	8	133	„	0,5—0,75	0,75—1,3
SM-St. u. Schm.-E.**			16	267	„	0,5—0,75	0,75—1,4
w. Bronze u. Rotguß			23	384	„	0,5—0,75	0,75—1,5

*) Bei Benutzung der Tabelle 14 berechnet man die Laufzeit nach der Formel 5, S. 14.

**) Aluminium ist stets = Schmiedeeisen zu setzen.

Die nächste Tabelle (Nr 15) enthält die aus obigen Durchschnitts-Schnittgeschwindigkeiten errechneten minutlichen Doppelhübe.

TABELLE 15.*)
Durchschnittszahlen für minutliche Doppelhübe an Shapingmaschinen mit einer größten Hublänge = ca. 1 m.

Material	Chrom-Nickelstahl	Chrom-Nickelstahl	Nickelstahl u. Stahlguß	Nickelstahl u. Stahlguß Gußeisen u. harte Bronze	SM-Stahl, Schmiedeeisen und Aluminium	w. Bronze u. Rotguß
Festigkeit kg p. mm²	80	70	60	50		
Hublänge	Doppelhübe i. d. Minute					
50	50	50	50	50	78	96
75	34	34	34	34	55	69
100	25	25	25	27	43	56
125	20	20	21	22	36	48
150	17	17,5	18	19	31	43
175	15	15,5	15,5	17	28	39
200	13	13,5	14	15,5	26	36
225	12	12,5	12,5	14	23	33
250	10,5	11	11,5	12,5	21,5	30
275	9,7	10	10,5	11,5	20	28
300	9	9,3	9,7	10,8	19	27
325	8,4	8,7	9	10,2	18	26
350	7,8	8,2	8,5	9,5	17,5	25
375	7,4	7,7	8,1	9,1	16,5	24
400	7	7,4	7,8	8,7	16	23
425	6,6	7	7,4	8,4	15,5	22
450	6,3	6,7	7	8	15	21,5
475	6	6,4	6,7	7,7	14,5	21
500	5,7	6,1	6,5	7,4	14	20
550	5,3	5,7	6,1	6,9	13,5	19
600	4,9	5,3	5,7	6,5	13	18,5
650	4,6	5	5,4	6,1	12,5	18
700	4,3	4,7	5,1	5,9	12	17,4
750	4,1	4,5	4,9	5,7	11,6	16,9
800	3,9	4,3	4,7	5,4	11,3	16,4
850	3,7	4,1	4,5	5,2	11	16
900	3,6	4	4,4	5	10,8	15,7
950	3,45	3,85	4,2	4,9	10,6	15,4
1000	3,3	3,7	4,1	4,7	10,4	15,2

*) Bei Benutzung der Tabelle 15 berechnet man die Laufzeit nach der Formel 4. S. 13.

Die beiden folgenden Tabellen Nr. 16 und 17 geben in derselben Weise, wie die Tabelle Nr. 8, für beide Arten von Shapingmaschinen die ausgerechneten Laufzeiten für 10 mm Hobelbreite mit 1 Schnitt bei verschiedenen Vorschüben an. Der Einfachheit wegen ist für die Hubzahlen für Material von 70 und 80 bezw. 50 und 60 kg Festigkeit der Tabelle 13 und 15 ein Mittelwert eingesetzt; d. h. ist in der Tabelle 13 z. B. bei 300 mm Hublänge für Chrom-Nickelstahl von 80 kg Festigkeit die minutliche Hubzahl = 11, für 70 kg Festigkeit = 12, so ist in der Tabelle 15 dagegen für beide ein Mittelwert = 11,5 zu Grunde gelegt. In dieser Weise sind die Laufzeiten ausgerechnet.

TABELLE 16.

Ausgerechnete Laufzeiten in Minuten für 10 mm Hobelbreite nud 1 Schnitt an Shapingmaschinen mit einer größten Hublänge = 500 mm.

	Chrom-Nickel Stahl Festigkeit 70–80 kg.			Nickelstahl und Stahlguss Festigkeit 50–60 kg. Gusseisen u. harte Bronze			S. M. Stahl Schm. Eisen Aluminium			weiche Bronze und Rotguss		
Hub-	Vorschub p. Doppelhub in mm.											
Länge	0,6	0,8	1	0,6	0,8	1	0,6	0,8	1	0,6	0,8	1
50	0,26	0,2	0,16	0,24	0,18	0,14	0,17	0,13	0,1	0,14	0,11	0,09
75	0,4	0,3	0,24	0,35	0,26	0,21	0,24	0,18	0,15	0,2	0,15	0,12
100	0,53	0,39	0,32	0,46	0,35	0,28	0,31	0,23	0,19	0,25	0,18	0,15
25	0,64	0,48	0,38	0,56	0,42	0,34	0,36	0,27	0,22	0,29	0,21	0,17
50	0,76	0,57	0,46	0,68	0,51	0,41	0,41	0,31	0,25	0,32	0,24	0,19
75	0,87	0,66	0,52	0,77	0,58	0,46	0,46	0,35	0,28	0,36	0,27	0,21
200	1	0,76	0,6	0,87	0,66	0,5[illegible]	0,5	0,38	0,3	0,38	0,29	0,23
25	1,1	0,83	0,67	0,97	0,73	0,58	0,54	0,4	0,32	0,4	0,3	0,24
50	1,23	0,92	0,74	1,08	0,8	0,64	0,57	0,43	0,34	0,43	0,32	0,26
75	1,33	1	0,8	1,15	0,86	0,69	0,6	0,45	0,36	0,45	0,34	0,27
300	1,45	1,08	0,87	1,23	0,93	0,74	0,63	0,47	0,38	0,46	0,35	0,28
25	1,55	1,16	0,93	1,33	1	0,8	0,65	0,49	0,39	0,48	0,36	0,29
50	1,64	1,23	0,98	1,4	1,05	0,84	0,68	0,51	0,41	0,5	0,37	0,3
75	1,73	1,3	1,04	1,48	1,1	0,88	0,71	0,53	0,42	0,51	0,38	0,31
400	1,81	1,36	1,08	1,56	1,17	0,94	0,72	0,54	0,43	0,52	0,39	0,31
25	1,92	1,44	1,15	1,64	1,22	0,98	0,74	0,56	0,44	0,54	0,4	0,32
50	2,02	1,52	1,21	1,7	1,3	1,02	0,77	0,58	0,46	0,55	0,41	0,33
75	2,1	1,57	1,26	1,8	1,35	1,08	0,79	0,59	0,47	0,56	0,42	0,33
500	2,18	1,64	1,3	1,85	1,4	1,12	0,8	0,6	0,48	0,57	0,43	0,34

TABELLE 17.

Ausgerechnete Laufzeiten in Minuten für 10 mm Hobelbreite nud 1 Schnitt an Shapingmaschinen mit einer großten Hublänge = 1000 mm.

Hub-Länge	Chrom-Nickel-Stahl Festigkeit 70–80 kg.			Nickelstahl und Stahlguss Festigkeit 50–60 kg. Gusseisen u. harte Bronze			S.M. Stahl Schm.Eisen Aluminium.			weiche Bronze und Rotguss		
	Vorschub p. Doppelhub in mm.											
	0,6	0,8	1	0,6	0,8	1	0,6	0,8	1	0,6	0,8	1
50	0,33	0,25	0,2	0,33	0,25	0,2	0,21	0,16	0,13	0,17	0,13	0,14
75	0,49	0,37	0,29	0,49	0,37	0,29	0,3	0,23	0,18	0,24	0,18	0,15
100	0,67	0,5	0,4	0,64	0,48	0,38	0,39	0,29	0,23	0,3	0,22	0,18
125	0,83	0,62	0,5	0,77	0,58	0,46	0,46	0,35	0,28	0,35	0,26	0,21
150	0,97	0,72	0,58	0,9	0,68	0,54	0,54	0,4	0,32	0,39	0,29	0,23
175	1,09	0,82	0,65	1,03	0,77	0,62	0,59	0,45	0,36	0,43	0,32	0,26
200	1,2	0,91	0,73	1,14	0,85	0,68	0,64	0,48	0,39	0,46	0,35	0,28
225	1,36	1,02	0,82	1,26	0,95	0,76	0,72	0,54	0,44	0,51	0,38	0,3
250	1,55	1,16	0,93	1,39	1,04	0,83	0,77	0,58	0,47	0,56	0,42	0,33
275	1,7	1,27	1,02	1,52	1,14	0,91	0,83	0,63	0,5	0,6	0,45	0,35
300	1,82	1,36	1,09	1,64	1,22	0,98	0,87	0,66	0,53	0,62	0,47	0,37
325	1,95	1,46	1,17	1,74	1,3	1,04	0,92	0,69	0,56	0,64	0,48	0,39
350	2,1	1,56	1,25	1,84	1,39	1,11	0,95	0,72	0,58	0,67	0,5	0,4
375	2,2	1,66	1,32	1,94	1,45	1,16	1	0,76	0,6	0,7	0,52	0,41
400	2,3	1,74	1,39	2,02	1,52	1,21	1,04	0,78	0,63	0,73	0,54	0,43
425	2,45	1,84	1,47	2,1	1,58	1,27	1,08	0,81	0,65	0,76	0,56	0,45
450	2,56	1,92	1,54	2,22	1,67	1,34	1,11	0,83	0,67	0,78	0,58	0,47
475	2,7	2	1,61	2,3	1,74	1,39	1,15	0,86	0,69	0,8	0,6	0,48
500	2,83	2,12	1,69	2,4	1,8	1,44	1,19	0,89	0,71	0,83	0,63	0,5
550	3,03	2,28	1,82	2,55	1,92	1,54	1,23	0,93	0,74	0,88	0,66	0,52
600	3,25	2,45	1,96	2,73	2,05	1,64	1,28	0,96	0,77	0,9	0,68	0,54
650	3,47	2,6	2,09	2,9	2,17	1,73	1,36	1	0,81	0,93	0,7	0,55
700	3,7	2,78	2,22	3,02	2,27	1,82	1,4	1,04	0,83	0,96	0,72	0,57
750	3,87	2,9	2,33	3,15	2,35	1,89	1,44	1,08	0,86	0,99	0,74	0,59
800	4,05	3,05	2,43	3,4	2,48	1,98	1,48	1,1	0,89	1,02	0,76	0,61
850	4,28	3,2	2,56	3,45	2,58	2,06	1,51	1,14	0,91	1,04	0,78	0,63
900	4,4	3,3	2,64	3,55	2,65	2,13	1,54	1,16	0,93	1,06	0,8	0,64
950	4,55	3,42	2,75	3,66	2,75	2,2	1,57	1,18	0,95	1,08	0,81	0,65
1000	4,75	3,57	2,85	3,78	2,85	2,7	1,6	1,2	0,96	1,1	0,83	0,66

III. Arbeiten auf vertikalen Stoßmaschinen

Alle vertikalen Stoßmaschinen, die Spindelantrieb und Riemenumsteuerung haben, arbeiten in genau derselben Weise wie Langhobelmaschinen, in derselben Weise wie dort beschrieben, geschieht auch die Berechnung der Bearbeitungszeit und der Schnittgeschwindigkeit.

Erfolgt der Antrieb jedoch durch Stufenscheibe und Kulisse oder durch Stufenscheibe und Kulisse verbunden mit Kurbelscheibe, so berechnet man die Bearbeitungszeit und die übrigen Werte wie bei den Shapingmaschinen, die letzteren werden auch oft als horizontale Stoßmaschinen bezeichnet.

Da alle Berechnungen im Abschnitt „Shapingmaschinen" hinreichend erklärt sind, kann von einer nochmaligen Darstellung abgesehen werden.

Abweichend von den Shapingmaschinen, die meistens nur einen horizontalen Supportvorschub haben, sind die vertikalen Stoßmaschinen, abgesehen von ganz kleinen Typen, stets mit Längs- und Quervorschub ausgestattet, in der Regel auch mit Kreisbewegung des Tisches.

Es folgen nunmehr, analog den Shapingmaschinen, 2 Tabellen einer vertikalen Stoßmaschine und 2 Aufspanntabellen.

Stoßmaschine Nr. 18.

Tabelle a

Stufe	a	b	c	d
Doppelhübe i. d. Min.	10	15	24	37
Hublänge mm	Höchstschnittgeschwindigkeit m/Min.			
25	0,55	0,82	1,32	2,04
50	1,1	1,65	2,65	4,05
75	1,65	2,5	3,95	6,1
100	2,2	3,3	5,3	8,1
125	2,75	4,1	6,6	10,2
150	3,3	4,95	7,9	12,2
175	3,85	5,8	9,3	14,2
200	4,4	6,6	10,6	16,3
225	4,95	7,4	11,9	18,3
250	5,5	8,25	13,2	20,4
275	6,05	9,1	14,5	22,3
300	6,6	9,9	15,8	24,5
325	7,15	10,7	17,2	26,5
350	7,7	11,5	18,5	28,5

Vorschübe

Richtung	Zähne			
	1	2	3	4
längs*)	0,18	0,36	0,54	0,72
quer	0,36	0,72	1,08	1,44

Untere Stufenscheibe an der Maschine.

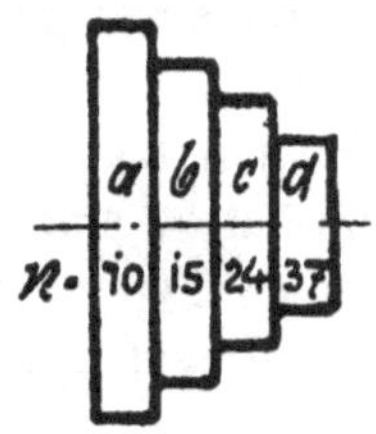

Fig. 13.
n = Doppelhübe i. d. Minute.

Tabelle b

Material	Festigkeit in kg p m/m²	Hublänge in m/m					
		bis 100	100 bis 150	150 bis 200	200 bis 250	250 bis 300	300 bis 350
		Stufe	Stufe	Stufe	Stufe	Stufe	Stufe
Chrom-Nickelstahl	80	d*	c	b	b*	a	a
" "	70	d	c	b	b	a	a
Nickelstahl u. Stahlguß	60	d	c	b	b	b	a
" " / Gußeisen u. harte Bronze	50}	d	d*	c	b	b	b
SM-St., Schm.-E. u. Alumin.		d	d	d	d*	c	c
Weiche Bronze u. Rotguß		d	d	d	d	d	d.

*) Vorschub in Längsrichtung fein, da er zum Stoßen von Nuten benutzt wird.

TABELLE 19

Zeittabelle für das Aufspannen und Ausrichten kastenförmiger Körper auf der Stoßmaschine

Grundfläche mm			Höhe in Millimeter 100	200	400	600	800	1000	1500
200 × 200	I	Min.	7	7	8				
300 × 135	II	„	9	9	10				
400 × 100		kg	11	21	44			ohne Kran	
300 × 300	I	Min.	7	7	16			mit Kran	
450 × 200	II	„	9	9	19				
600 × 150		kg	23	47	92				
400 × 400	I	Min.	7	14	17	19			
600 × 275	II	„	9	17	20	23			
800 × 200		kg	42	82	168	250			
600 × 600	I	Min.	15	16	19	21	24		
900 × 400	II	„	18	19	23	25	29		
1200 × 300		kg	94	187	375	565	750		
800 × 800	I	Min.	17	18	21	25	29	33	37
1200 × 550	II	„	21	22	25	30	35	39	44
1600 × 400		kg	165	330	600	1000	1300	1660	2500
1000 × 1000	I	Min.	19	20	24	28	34	38	44
1500 × 700	II	„	23	24	29	34	41	46	53
2000 × 500		kg	260	520	1040	1560	2050	2600	3900
1500 × 1500	I	Min.	22	24	28	33	39	45	52
2250 × 1000	II	„	26	29	34	39	47	54	62
3000 × 750		kg	580	1160	2300	3500	4700	5800	8700

Die Gewichtsangaben entsprechen ca. ⅓ des Gewichts voller Körper von denselben Abmessungen.

I = einfaches Aufspannen und Ausrichten.

II = schwieriges „ „ „

Von obigen Werten sind einzusetzen

Bei Anfertigung von 2— 4 Körpern 80 pCt.

„ „ „ 5—10 „ 70 „

„ „ „ 11 und mehr 60 „

Für jedes Umspannen auf eine bearbeitete Fläche sind **50** pCt des Wertes der Gruppe I einzusetzen.

TABELLE 20.

Zeittabelle für das Aufspannen und Ausrichten von Rädern, Büchsen, Scheiben, Ringen etc. zum Stoßen von Nuten

Aeußerer Durchmesser	Breite resp. Höhe in Millimeter									
	50	75	100-	150	200	300	400	600	800	1000
mm	Min.	Min.	Min.	Min.	Min.	Min.	Min.	Min.	Min.	Min.
50	4	4	5	5	5					
75	4	5	5	5	6	6				
100	5	5	5	6	6	7				
150	5	5	6	6	7	7	7		ohne Kran	
200	5	6	6	7	7	7	8	14	mit Kran	
300	6	6	7	7	7	13	14	16		
400	6	7	7	7	13	14	16	18	22	
600	12	13	14	15	16	17	18	22	26	
800	14	15	16	17	18	20	22	26	30	35
1000	16	17	18	20	22	24	26	30	34	38
1250	18	19	21	23	25	27	29	33	37	41
1500	20	22	24	26	28	30	32	36	40	44
2000	23	25	27	29	31	33	35	39	45	50
3000	28	30	32	34	36	38	41	47	53	60

Von obigen Werten sind einzusetzen:

Bei Anfertigung 2— 4 Körpern 80 pCt.
„ „ 5—10 „ 70 „
„ „ 11 und mehr 60 „

Aufgaben für Stoßmaschine Nr. 18.

An zwei aufeinander gelegten schmiedeeisernen Laschen nach Fig. 11 S. 31 beide Seitenkanten mit je zwei Schnitten stoßen.

Höhe beider Laschen zusammen . = 120 mm
Hublänge . . . . = 130 „
Doppelhübe, minutlich (Stufe *d*) . = 37
Schnittzahl . . . . = 2
Vorschub 2 Zähne . . . . . . = 0,72 mm

Aufspannen und Ausrichten 9 Min.

2 Schnitte an beiden Längsseiten $T = \frac{2 \cdot 240 \cdot 2}{37 \cdot 0{,}72} = 36$ Min.

45 Min.

Beim Stoßen von Keilnuten bis zu einer Breite von
20 mm ist erforderlich 1 Schnitt, Vorschub = ca. 0,15 mm
20—30 „ sind „ 2 Schnitte, „ = „ 0,2 „
über 30 „ „ „ 3 „ „ = „ 0,3 „

Aufgabe: In ein gußeisernes Zahnrad, Fig. 14, eine Keilnute stoßen.

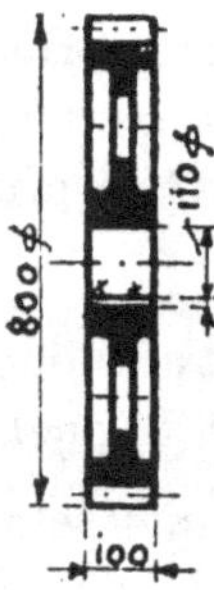

Fig. 14.

Nabenlänge	=	100 mm
Hublänge	=	110 „
Doppelhübe i. d. Min. (Stufe d)	=	37
Vorschub	=	0,18 „
Nutentiefe		13 „
Nutenbreite	=	30 „
Schnittzahl	=	2 „
Aufspannen und Ausrichten	=	16 Min.
Laufzeit für 2 Schnitte $T = \frac{13 \cdot 2 \cdot}{37 \quad 0{,}18}$		4 „
Stähle schleifen und einspannen		3 „
Schnitt anstellen und messen	=	3 „
		26 Min.

Aufgabe: In eine gußeiserne Führungsbuchse, Fig. 15, Vierkant auf genaues Maß stoßen.

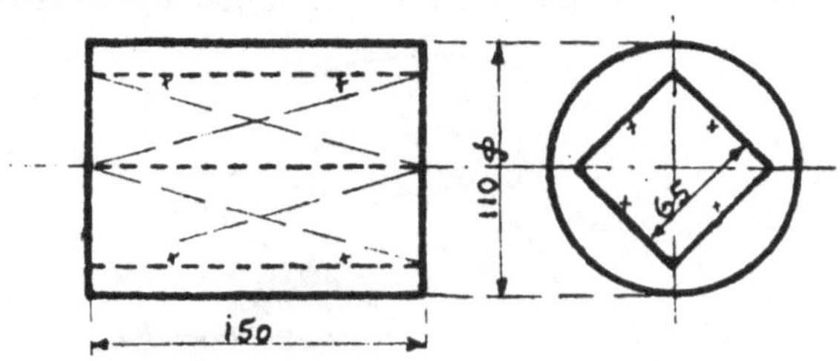

Fig. 15.

Höhe der Buchse	=	150 mm
Hublänge	=	160 „
Doppelhübe, minutlich (Stufe c)	=	24
Vorschub	=	0,36 „
Schnittzahl pro Fläche	=	3 „

Aufspannen und Ausrichten (1. Fläche)		6 Min.
Ausrichten der übrigen 3 Flächen		9 „
$T = \frac{65 \cdot 4 \cdot 3}{24 \cdot 0{,}36}$		90 „
Stähle schleifen und einspannen		7 „
Schnitte anstellen und messen	=	8 „
		120 Min.

Der Vorschub bei Kreisbewegung des Tisches.

Die Feststellung dieses Vorschubes ist insofern etwas komplizierter, als die Größe desselben von dem Durchmesser resp. dem Radius der zu bearbeitenden Fläche abhängig ist.

Angenommen, es soll ein Kreis von 300 mm Durchmesser mit 1 Schnitt ringsum bestoßen werden; der Umfang ist $= 300 \cdot \pi = 942$ mm. Läßt man nun die Vorschub-Sperrklinke bei jedem Hub immer nur 1 Zahn am Schaltrade vorschieben, und würde sich bei genauer Beobachtung herausstellen, daß zu einer vollständigen Kreisbewegung 942 Doppelhübe erforderlich sind, so würde dies einen Vorschub pro Doppelhnb $= \frac{942}{942} = 1$ mm ergeben.

Beträgt der Durchmesser aber nur 150 mm, so würde unter den gleichen Verhältnissen, also bei 1 Zahn Vorschub und 942 Doppelhüben, der Vorschub pro Doppelhub $= \frac{150 \cdot \pi}{942} = \frac{471}{942} = 0{,}5$ mm sein.

Läßt man jedoch bei 150 mm Durchmesser 3 Zähne vorschieben, dann beträgt der Vorschub pro Doppelhub $3 \cdot 0{,}5 = 1{,}5$ mm; für eine vollständige Kreisbewegung sind dann nur $\frac{150 \cdot \pi}{1{,}5} = \frac{471}{1{,}5} = 314$ Doppelhübe erforderlich.

Dieses Verhältnis zwischen Durchmesser des Werkstückes und Vorschub ist aus Fig. 16 ohne weiteres ersichtlich, d. h. legt der Stößel

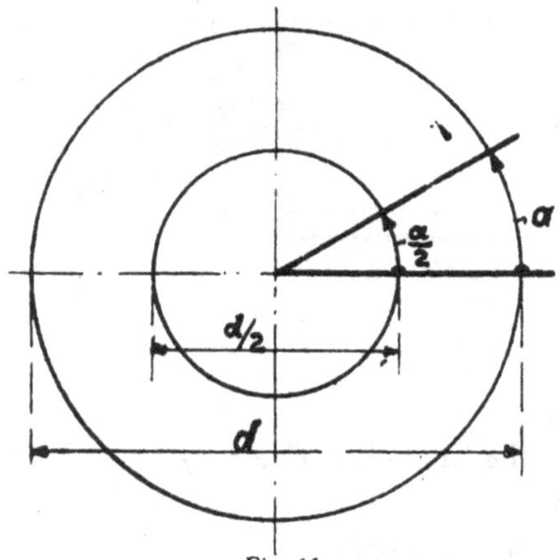

Fig. 16.

bei gegebener Hubzahl p. Minute und gegebenem Vorschub in der Zeiteinheit auf dem Umfang des Kreises d die Strecke a zurück, dann würde er unter denselben Bedingungen auf dem Umfang des Kreises $\frac{d}{2}$ nur die Strecke $\frac{a}{2}$ zurücklegen.

Um jederzeit ein genaues Bild der Vorschübe bei der Kreisbewegung zu haben, empfiehlt es sich, an den in Frage kommenden Stoßmaschinen bei einem beliebigen Durchmesser mit 1, 2 oder 3 Zähnen Vorschub die zu einer Kreisbewegung (auch Halb- oder Viertelkreis) erforderlichen Doppelhübe zu zählen und daraus den Vorschub pro Doppelhub zu errechnen.

Schema für die Bestimmung der Vorschübe bei Kreisbewegung des Tisches an Vertikal-Stoßmaschinen.

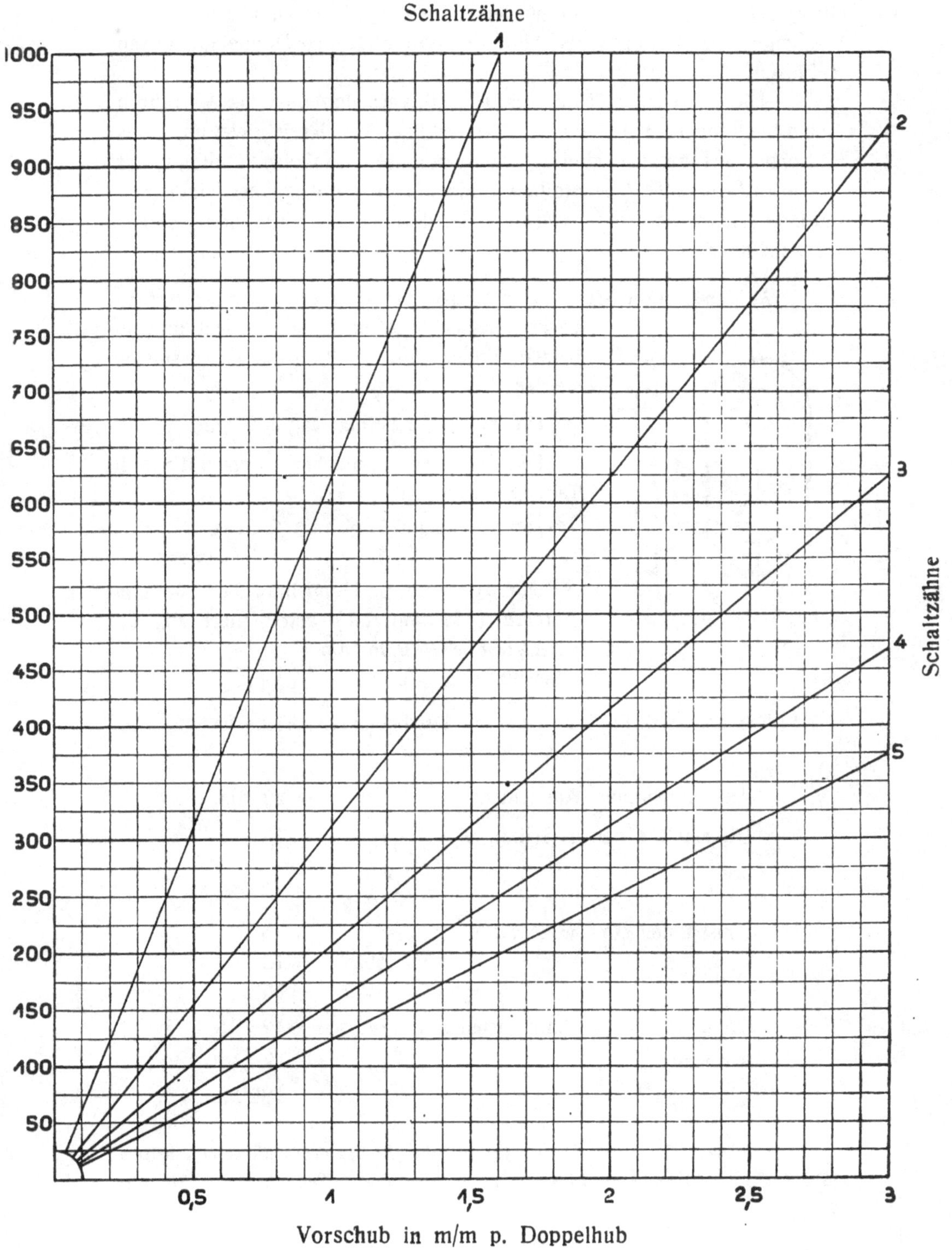

Fig. 17.

Trägt man die gewonnenen Werte in eine graphische Tafel (Fig. 17) ein, so kann man für jeden beliebigen Durchmesser bei gegebener Anzahl Vorschub-Zähne den Vorschub pro Doppelhub genau ablesen.

Die graphische Tafel Fig. 17 soll natürlich nur das Verfahren angeben, nach welchem die Vorschübe bei Kreisbewegung des Tisches aufzumessen sind. — Zur korrekten Laufzeitberechnung ist es erforderlich, für jede Stoßmaschine getrennt ein solches Diagramm aufzuzeichnen, sofern es sich nicht um Maschinen von genau gleicher Bauart handelt.

Aufgabe: Von den in Fig. 18 dargestellten schmiedeeisernen Laschen sollen je 4 aufeinander gelegt und an beiden Enden mit je 2 Schnitten bestossen werden.

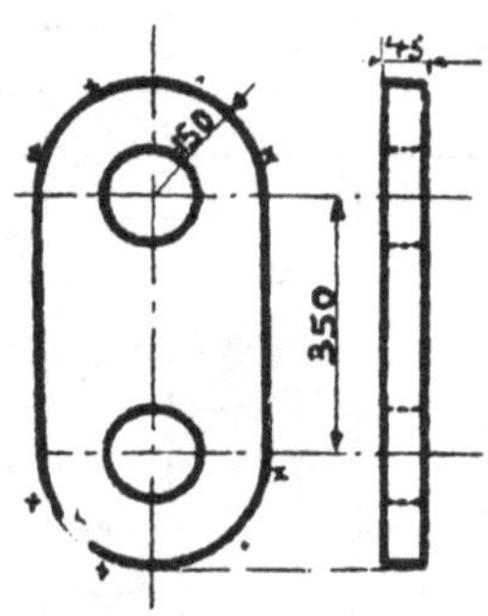

Fig. 18.

Die Hubhöhe beträgt ca. 200 mm.

Die Zahl der minutlichen Doppelhübe nach Tab. 18b (Stufe d) = 37.

Vorschub beim 1. Schnitt 2 Schaltzähne
„ „ 2. „ 1 Schaltzahn.

Der Vorschub p. Doppelhub bei 300 mm Durchm. (150 mm rad) beträgt nach Fig. 17
bei 2 Schaltzähnen = 0,96 mm
„ 1 Schaltzahn = 0,48 „

Die abgewickelte Länge der zu bearbeitenden Fläche ist = $150 \cdot \pi = 471$ mm.

Aufspannen und Ausrichten	= 20	Min.*)
Laufzeit für den 1. Schnitt $T_1 = \frac{471}{37 \cdot 0{,}96}$	= 13	„
„ „ „ 2. „ $T_2 = \frac{471}{37 \cdot 0{,}48}$.	= 26	„
Umspannen für das 2. Ende	= 15	„
T_1 = wie oben .	= 13	„
T_2 = „ „ .	= 26	„
Stähle schleifen, Schnitt anstellen und messen	= 12	„
Abspannen	= 7	„
	132	Min.

*) Nach Tab. 19, S. 41, beträgt die Aufspannzeit für einen Körper 600 × 275 × 200 hoch = 14 Min.; da es hier aber 4 Teile sind, = 20 Min.

Aufgabe: An dem in Fig. 19 dargestellten Hebel aus SM-St. soll das vom Drehen bzw. Hobeln stehengebliebene Material, — in der Figur strichpunktiert dargestellt — auf der Stoßmaschine Nr. 18 weggestoßen werden.

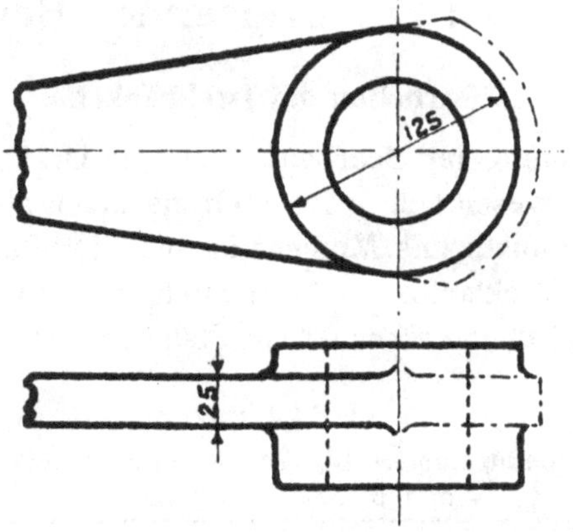

Fig. 19.

Hublänge = 25 mm + 2 Hohlkehlen à ca. 5 mm = ca. 35 mm.
Zahl der minutl. Doppelhübe nach Tab. 18 b (Stufe d) = 37.
die Schnittzahl sei = 2, und zwar

der 1. Schnitt mit 3 Zähnen Vorschub
„ 2. „ „ 2 „ „

der Vorschub pro Doppelhub bei 125 mm Durchm. beträgt nach Fig. 17

bei 3 Schaltzähnen = 0,6 mm
„ 2 „ = 0,4 „

die abgewickelte Länge der zu bearbeitenden Fläche ist = 62,5 · π = 196,4 mm

Aufspannen und Ausrichten ca.	6 Min.
Laufzeit für den 1. Schnitt $T_1 = \frac{196{,}4}{37 \cdot 0{,}6} \sim$	9 „
„ „ „ 2. „ $T_2 = \frac{196{,}4}{37 \cdot 0{,}4} = \sim$	13 „
Stähle schleifen, Schnitt anstellen und messen	4 „
	32 Min.

B. Maschinen mit kreisender Bewegung.

IV. Arbeiten auf Drehbänken.

Die Berechnung der Bearbeitungszeit an Drehbänken geschieht naturgemäß nach wesentlich anderen Grundsätzen als bei den Hobelmaschinen. Als günstigstes Moment ist hier der Fortfall des Arbeit nicht leistenden Rücklaufes zu betrachten, so daß bei allen Dreharbeiten der Stahl ununterbrochen im Schnitt steht.

TABELLE 21.

Umrechnungstabelle für Schnittgeschwindigkeiten.

mm p. Sek. in m/Min

mm/Sek.	m/Min.	mm/Sek.	m/Min.	mm/Sek.	m/Min.
50	3	300	18	550	33
60	3,6	310	18,6	560	33,6
70	4,2	320	19,2	570	34,2
80	4,8	330	19,8	580	34,8
90	5,4	340	20,4	590	35,4
100	6	350	21	600	36
110	6,6	360	21,6	610	36,6
120	7,2	370	22,2	620	37,2
130	7,8	380	22,8	630	37,8
140	8,4	390	23,4	640	38,4
150	9	400	24	650	39
160	9,6	410	24,6	660	39,6
170	10,2	420	25,2	670	40,2
180	10,8	430	25,8	680	40,8
190	11,4	440	26,4	690	41,4
200	12	450	27	700	42
210	12,6	460	27,6	710	42,6
220	13,2	470	28,2	720	43,2
230	13,8	480	28,8	730	43,8
240	14,4	490	29,4	740	44,4
250	15	500	30	750	45
260	15,6	510	30,6	760	45,6
270	16,2	520	31,2	770	46,2
280	16,8	530	31,8	780	46,8
290	17,4	540	32,4	790	47,4

TABELLE 22.

Umrechnungstabelle für Schnittgeschwindigkeiten.

m/Min. in mm/Sek.

m/Min.	mm/Sek.	m/Min.	mm/Sek.	m/Min.	mm/Sek.
3	50	15,5	258	28	467
3,5	58,4	16	267	28,5	475
4	66,6	16,5	275	29	484
4,5	75	17	284	29,5	492
5	83,3	17,5	292	30	500
5,5	92	18	300	31	517
6	100	18,5	308	32	534
6,5	108	19	316	33	550
7	117	19,5	325	34	566
7,5	125	20	333	35	584
8	133	20,5	342	36	600
8,5	142	21	350	37	618
9	150	21,5	358	38	635
9,5	158	22	366	39	650
10	166,5	22,5	375	40	666
10,5	175	23	384	41	684
11	183	23,5	392	42	700
11,5	192	24	400	43	717
12	200	24,5	408	44	734
12,5	208	25	417	45	750
13	216	25,5	425	46	768
13,5	225	26	433	47	785
14	233	26,5	442	48	800
14,5	242	27	450	49	818
15	250	27,5	458	50	835

Der Begriff der Schnittgeschwindigkeit ist bereits auf Seite 9 erklärt und ist sinngemäß auf die drehende Bewegung zu übertragen.

Die Formeln für die Ermittelung der Schnittgeschwindigkeit lauten

$$v \text{ in m/Min.} = \text{Drehdurchm. in m} \times \pi \times \text{minutl. Umdrehung}$$

$$= D \ \pi n, \text{ oder}$$

$$v_1 \text{ in mm/Sek.} = \frac{\text{Drehdurchm. in mm} \times \pi \times \text{minutl. Umdrehung}}{60}$$

$$= \frac{d \ \pi \ n}{60}$$

Da nun auch in der Dreherei die Schnittgeschwindigkeit sowohl in m/Min. als auch in mm/Sek. angegeben wird, so werden die vorstehenden Umrechnungstabellen Nr. 21 und 22 von Nutzen sein.

Ist die Schnittgeschwindigkeit und der Durchmesser eines Arbeitsstückes bekannt, und soll aus ihnen die minutliche Umdrehungszahl ermittelt werden, dann lautet die Formel:

$$\text{Zahl der minutl. Umdrehungen } n = \frac{\text{Schnittgeschw. in mm/Sek.} \times 60}{\text{Durchmesser in mm} \times 3{,}14} = \frac{v_1 \cdot 60}{d \cdot \pi}$$

oder wenn die Schnittgeschwindigkeit in m/Min. angegeben ist

$$n = \frac{\text{Schnittgeschw. in m/Min.}}{\text{Durchmesser in m} \times 3{,}14} = \frac{v}{D \cdot \pi}$$

Die beiden folgenden Tabellen ergeben die nach vorstehender Formel berechneten Umdrehungszahlen für Schnittgeschwindigkeiten von 6—50 m/Min. und für Drehdurchmesser von 25—2700 mm.

TABELLE 23

v in m/Min.	6	8	10	12	15	18	20	25	30	35	40	45	50
v in mm/Sek.	100	133	167	200	250	300	334	417	500	584	668	750	835
Ø	Umdrehungen p. Min. n =												
25	76,4	102	127	153	191	230	255	320	382	445	510	572	640
30	63,7	85	103	128	159	191	213	265	320	372	426	478	530
35	54,5	72,5	91	109	136	164	182	227	273	318	364	410	454
40	47,8	64	80	96	120	144	160	200	240	280	320	360	400
45	42,5	56,5	70,5	85	106	127	142	176	212	247	284	318	352
50	38,2	51	64	76,5	95,6	115	128	159	191	223	256	287	318
60	31,8	42,5	53	64	79,8	95,5	106	133	159	186	212	239	266
70	27,3	36,5	45,5	54,8	68	82	91	113	136	159	182	205	226
80	23,9	31,8	39,5	47,5	59	71	79,5	99	118	138	159	178	198
90	21,2	28,3	35,4	42,5	53	63,5	71	88,5	106	124	142	159	177
100	19,1	25,5	32	38,3	47,9	57,5	64	80	95,5	112	168	143	160
120	15,9	21,2	27,2	32,6	41	49	54,5	68	82	95	109	122	136
140	13,6	18,1	22,7	27,3	34	41	45,5	57	68	79,5	91	102	114
160	11,9	15,9	19,8	23,9	29,8	35,7	39,8	49,7	59,5	69,5	79,6	89,5	99,4
180	10,6	14,1	17,6	21,2	26,5	31,7	35,3	44	52,8	61,7	70,6	79	88
200	9,56	12,7	15,8	19,1	23,8	28,5	31,7	39,6	47,5	55,5	63,4	71,5	79,2
225	8,5	11,3	14,1	17	21,2	25,5	28,3	35,3	42,4	49,5	56,6	63,5	70,6
250	7,64	10,2	12,7	15,3	19,1	23	25,5	31,9	38,2	44,5	51	57,2	63,8
275	6,95	9,25	11,5	13,9	17,4	20,8	23,2	28,9	34,6	40,5	46,4	52	57,8
300	6,37	8,5	10,6	12,8	15,9	19,1	21,3	26,5	32	37,2	42,6	47,8	53
325	5,8	7,75	9,75	11,7	14,8	17,6	19,5	24,4	29,3	34,2	39	44	48,8
350	5,46	7,3	9,1	11	13,7	16,4	18,2	22,8	27,4	31,3	36,4	41	45,6
375	5,1	6,8	8,5	10,2	12,8	15,3	17	21,2	25,5	29,7	34	38,2	42,4
400	4,78	6,4	8	9,6	12	14	16	19,4	24	28	32	36	38,8
425	4,5	6	7,5	9	11,2	13,5	15	18,8	22,5	26,3	30	33,8	37,6
450	4,25	5,65	7,05	8,5	10,6	12,7	14,1	17,6	21,2	24,7	28,2	31,8	35,2
475	4,02	5,35	6,7	8,03	10	12	13,4	16,7	20	23,4	26,8	30	33,4
500	3,82	5,1	6,4	7,65	9,55	11,3	12,8	15,9	19,1	22,3	25,6	28,6	31,8
525	3,64	4,85	6,05	7,3	9,1	10,9	12,1	15,2	18,2	21,2	24,2	27,3	30,4
550	3,48	4,63	5,8	6,95	8,7	10,4	11,6	14,4	17,4	20,3	23,2	26	28,8

TABELLE 23a.

v in m/Min.	6	8	10	12	15	18	20	25	30	35	40	45	50
v in m/mSek.	100	133	167	200	250	300	334	417	500	584	668	750	835
ø	Umdrehungen p. Min. n =												
575	3,33	4,43	5,55	6,66	8,3	9,9	11,1	13,8	16,6	19,4	22,2	25	27,7
600	3,17	4,23	5,3	6,35	7,95	9,55	10,6	13,2	15,9	18,6	21,2	23,8	26,5
625	3,06	4,07	5,1	6,12	7,65	9,2	10.2	12,8	15,3	17,8	20,4	23	25,6
650	2,94	3,92	4,9	5,9	7,35	8,8	9,8	12,2	14,7	17,1	19,6	22	24,4
675	2,82	3,75	4,7	5,63	7,05	8,45	9,4	11,8	14,1	16,4	18,8	21,2	23,6
700	2,73	3,64	4,55	5,45	6,8	8,2	9,1	11,4	13,6	15,9	18,2	20,5	22,8
750	2,55	3,4	4,25	5,1	6,4	7,5	8,5	10,6	12,7	14,9	17	19,2	21,2
800	2,38	3,17	3,97	4,75	5,95	7,15	7,94	9,9	11,9	13,9	15,8	17,8	19,8
850	2,24	3	3,75	4,48	5,6	6,7	7,48	9,35	11,2	13,1	14,9	16,8	18,7
900	2,12	2,83	3,53	4,24	5,3	6,36	7,06	8,9	10,6	12,3	14,1	15,9	17,6
950	2	2,68	3,35	4	5	6,02	6,7	8,4	10	11,7	13,4	15,1	16,8
1000	1,92	2,55	3,18	3,85	4,8	5,76	6,4	8	9,6	11,2	12,8	14,4	16
1050	1,82	2,43	3,03	3,64	4,55	5,46	6,06	7,6	9,1	10,6	12,1	13,6	15,2
1100	1,74	2,32	2,9	3,48	4,35	5,21	5,8	7,25	8,7	10,2	11,6	13,1	14,5
1200	1,59	2,12	2,65	3,18	3,98	4,77	5,3	6,6	7,95	9,25	10,6	11,9	13,2
1300	1,47	1,96	2,45	2,94	3,68	4,4	4,9	6,1	7,35	8,6	9,8	11	12,2
1400	1,36	1,82	2,27	2,72	3,4	4,08	4,54	5,7	6,8	7,9	9,08	10,2	11,4
1500	1,27	1,69	2,12	2,55	3,17	3,81	4,24	5,3	6,36	7,4	8,48	9,55	10,6
1600	1,19	1,59	1,99	2,38	2,99	3,58	3,98	4,97	5,97	6,95	7,96	8,95	9,94
1700	1,12	1,5	1,87	2,24	2,8	3,36	3,74	4,67	5,6	6,55	7,48	8,4	9,34
1800	1,06	1,4	1,77	2,12	2,65	3,18	3,54	4,43	5,3	6,2	7,08	7,98	8,86
1900	1	1,34	1,67	2	2,5	3	3,34	4,17	5	5,95	6,68	7,5	8,34
2000	0,95	1,27	1,59	1,91	2,38	2,86	3,18	3,98	4,7	5,58	6,36	7,15	7,96
2100	0,91	1,22	1,52	1,82	2,28	2,74	3,04	3,8	4,55	5,3	6,08	6,85	7,6
2200	0,86	1,15	1,44	1,72	2,16	2,6	2,88	3,6	4,32	5,04	5,76	6,5	7,2
2300	0,83	1,1	1,38	1,66	2,07	2,49	2,76	3,45	4,14	4,84	5,52	6,2	6,9
2400	0,79	1,06	1,32	1,58	1,98	2,38	2,64	3,3	3,96	4,62	5,28	5,95	6,6
2500	0,76	1,02	1,27	1,52	1,9	2,28	2,54	3,18	3,81	4,45	5,08	5,7	6,36
2600	0,73	0,97	1,22	1,46	1,83	2,2	2,44	3,05	3,66	4,28	4,88	5,5	6,1
2700	0,71	0,94	1,18	1,42	1,77	2,13	2,36	2,95	3,54	4,13	4,72	5,3	5,9

Die Zeitdauer für die Bearbeitung eines Drehkörpers ist abhängig von 3 Faktoren: Schnittgeschwindigkeit, Schnittiefe und Vorschub. Diese 3 Faktoren stehen in stetigen Wechselbeziehungen zu einander und sind wiederum abhängig von der Bauart und Leistungsfähigkeit der Maschine, sowie von der Härte und Festigkeit des Materials.

Die beiden Tabellen 24 und 25 geben für die Berechnung der Laufzeit zuverlässige Durchschnittswerte an.

Zur Erklärung dieser Tabellen, z. B. Nr. 25, diene Folgendes:

Als Grundlage der Berechnung sind vier Maschinengrößen angenommen, als deren Unterscheidungsmerkmal hier die Spitzenhöhe eingesetzt ist; bei der Abstufung nach diesem Gesichtspunkte ist natürlich vorausgesetzt, daß mit ansteigender Spitzenhöhe auch die ganze Bauart der Drehbänke entsprechend kräftiger und ihre Durchzugskraft größer wird.

Als Maßstab für die Durchzugskraft ist der Spanquerschnitt eingesetzt; dieser Wert ist das Produkt aus Schnittiefe × Vorschub.

TABELLE 24.

Durchschnittswerte für Dreherei bei Verwendung von Schnelldrehstahl auf Schnelldrehbänken.

Maschinengrösse	Span-Querschnitt mm²		Vorschruppen			Nach-schruppen	grob	sauber* schlichten	breit
Kleine Drehbänke Spitzenhöhe ca. 250mm	5	Schnittiefe mm Vorschub mm	5 1	7,5 0,66	10 0,5/	unter 4mm 0,6–0,8	0,3–0,6 0,5	0,2–0,4 0,3–0,4	0,2–0,5 0,75–2
Mittlere Drehbänke Spitzenhöhe ca. 600mm	10	Schnittiefe mm Vorschub mm	8 1,25	12 0,83	15 0,66	unter 6 0,8–1	0,4–0,7 0,7	0,2–0,5 0,5–0,7	0,3–0,6 1 – 4
Grosse Drehbänke Spitzenhöhe 1000mm u.mehr	18	Schnittiefe mm Vorschub mm	10 1,75	15 1,15	20 0,87	unter 8 1–1,4	0,5– 1 1	0,3–0,6 0,7–1	0,5–0,8 2 – 6

Schnittgeschwindigkeit in m/Min.

	Material	Vorschruppen	Nachschruppen und grob schlichten	sauber schlichten Pass-stellen	sauber schlichten Lager-stellen
Lang drehen	Gusstahl gegl.	11	14	10	
	Stahlguss	12,5	17,5	12	
	Gusseisen	14	19	15	
	S.M. Stahl	16	21	15	13
	Schm.Eis.u.Aluminium	18	24	17	15
	harte u. zähe Bronze	19	25	20	
	weiche Bronze u. Rotguss	30	37	30	
Plan drehen	Gusstahl gegl.	9,5	12	6,5	
	Stahlguss	10,5	15	10	
	Gusseisen	12	16	13	
	S.M.Stahl	13	18	13	
	Schm.Eis.u.Aluminium	15	20	14,5	
	harte u. zähe Bronze	16	21	17	
	weiche Bronze u.Rotguss	25	31	25	

*) Bei den Vorschüben für das Sauber-schlichten gilt der größere Wert für Paßstellen, der kleinere für Lagerstellen.

TABELLE 25.

Durchschnittswerte für Dreherei bei Verwendung von Schnelldrehstahl auf gewöhnlichen Drehbänken.

Maschinengrösse	Span-Querschnitt mm		Vorschruppen			Nach-schruppen	grob	sauber* schlichten	breit
Kleine Drehbänke Spitzenhöhe 100-150mm	2	Schnittiefe mm Vorschub mm	5 0,4	7,5 0,27	10 0,2	unter 4mm 0,3 - 0,4	0,3-0,6 0,3	0,2-0,4 0,2-0,3	0,2-0,5 0,6 - 1
Kleine Drehbänke Spitzenhöhe ca. 250mm	4	Schnittiefe mm Vorschub mm	5 0,8	7,5 0,53	10 0,4	unter 4mm 0,6 - 0,8	0,3-0,6 0,5	0,2-0,4 0,3-0,4	0,2-0,5 0,75- 2
Mittlere Drehbänke Spitzenhöhe ca. 660mm	8	Schnittiefe mm Vorschub mm	8 1	12 0,66	15 0,53	unter 6mm 0,8 - 1	0,4-0,7 0,7	0,2-0,5 0,5-0,7	0,3-0,6 1 - 4
Grosse Drehbänke Spitzenhöhe 1000mm u.mehr	14	Schnittiefe mm Vorschub mm	10 1,4	15 0,93	20 0,7	unter 8mm 1 - 1,4	0,5 - 1 1	0,3-0,6 0,7 - 1	0,5-0,8 2 - 6

	Material	Schnittgeschwindigkeit in m/Min. Vorschruppen	Nachschruppen und grob schlichten	sauber schlichten Fass-stellen	Lager-stellen
		m/Min.	m/Min.	m/Min.	m/Min.
Lang drehen	Gussstahl gegl.	9	11	10	
	Stahlguss	10	14	12	
	Gusseisen	11	15	15	
	S.M.Stahl	13	17	15	13
	Schm.Eis.u.Aluminium	15	19	17	15
	harte u. zähe Bronze	15	20	20	
	weiche Bronze u.Rotguss	25	30	30	
Plan drehen	Gussstahl gegl.	7,5	9,5	8,5	
	Stahlguss	8,5	12	10	
	Gusseisen	9,5	13	13	
	S.M.Stahl	11	14	13	
	Schm.Eis.u.Aluminium	13	16	14,5	
	harte u. zähe Bronze	13	17	17	
	weiche Bronze u.Rotguss	21	25	25	

*) Siehe Fußnote S. 52.

Nehmen wir als Beispiel eine Drehbank, deren Spitzenhöhe ca. 600 mm beträgt, so ist in der Tabelle 25 der Spanquerschnitt = 8 mm angenommen; ist nun die Schnittiefe = 8 mm, so ist der Vorschub = 1 mm zu wählen; beträgt die Schnittiefe aber 15 mm, so ist der Vorschub = 0,53 mm; in beiden Fällen ist das Produkt aus Schnitttiefe × Vorschub = 8 mm². Auf diese Weise läßt sich beim Schruppen aus Vollmaterial mit Leichtigkeit die Schnittzahl, die Schnittiefe und der Vorschub festlegen.

Für das Nachschruppen kommt nur eine geringere Schnittiefe in Frage, und es kann natürlich überall dort, wo eine glatte Oberfläche nicht erforderlich ist, der Vorschub so weit gesteigert werden, daß auch hier wieder aus dem Produkt aus Schnittiefe × Vorschub sich der angegebene Spanquerschnitt ergibt. In der Praxis wird man aber in den meisten Fällen den Vorschub kleiner wählen, und dem entsprechend ist er in der Rubrik für „nachschruppen" eingesetzt.

Unter „grob schlichten" ist die Bearbeitung etwa nach Schublehrenmaß zu verstehen, wobei also weder große Genauigkeit noch saubere Oberfläche verlangt wird, dagegen bezieht sich das „sauber schlichten" auf Paßstellen und Lagerstellen, die beide genaues Maß und saubere Oberfläche erfordern.

Die Schnittgeschwindigkeit ist beim Schruppen in großer Schnittiefe verhältnismäßig gering, beim Nachschruppen und Grobschlichten entsprechend größer gewählt. Für das Sauberschlichten ist die Schnittgeschwindigkeit auf Grund von Erfahrungswerten eingesetzt, die dem Verhalten der verschiedenen Materialien beim Sauberschlichten Rechnung tragen.

Beispiel: Es soll an einer Welle aus SM-Stahl von 200 mm Durchmesser ein Zapfen von 165 Durchmesser angedreht werden; für die Bearbeitung käme eine mittlere Drehbank in Frage mit 500 bis 600 mm Spitzenhöhe; es ist zunächst vorzuschruppen bis auf 170 mm Durchmsser; die Schnittiefe beträgt also 15 mm. Dreht man nun den Ansatz von 200 auf 170 mm mit 1 Schnitt, so ist der Vorschub = 0,53 zu setzen; nimmt man jedoch 2 Schnitte, dann ist die Schnittiefe für jeden Schnitt nur 7,5 mm, und der Vorschub ist dann = 1 mm anzunehmen.

Wird mit einer Schnittgeschwindigkeit = 13 m/Min. gearbeitet, so ist die Laufzeit in beiden Fällen gleich.

Nun ist noch ein Nachschruppen erforderlich von 170 auf etwa 165,5 mm Durchmesser; hierbei soll der Vorschub 0,8 bis 1 mm und die Schnittgeschwindigeit = 17 m/Min. angenommen werden.

Stellt der Ansatz von 165 mm Durchmesser eine Paßstelle dar, d. h. wird ein Zahnrad, eine Riemenscheibe, ein Hebel oder dergl. aufgepaßt, so kommt das „Sauberschlichten“ in Frage und zwar ein Vorschub = etwa 0,7 mm und eine Schnittgeschwindigkeit = 15 m/Min.; für eine Lagerstelle würde in diesem Fall der Vorschub etwa 0,5 mm und die Schnittgeschwindigkeit 13 m/Min. betragen.

Die Schnittgeschwindigkeit beim Schlichten richtet sich ganz nach der Art des Materials des Arbeitsstückes; während Gußeisen beim Schlichten eine wesentlich höhere Schnittgeschwindigkeit gestattet als beim Schruppen, muß z. B. SM-Stahl mit demselben oder noch langsamerem Gang geschlichtet werden, weil sonst kein sauberer Schnitt, besonders bei Lagerstellen, zu erzielen ist. Ebenso richtet sich beim Schlichtschnitt der Vorschub ganz nach der Art des Arbeitsstückes; während man Lagerstellen, Wellen usw. mit verhältnismäßig feinem Vorschub schlichtet, kommt für Riemenscheiben usw. das sogenannte Breitschlichten in Frage, wobei Vorschübe von 1—8 mm erzielt werden.

Die in Tab. 24 und 25 über die Durchzugskraft gemachten Angaben beziehen sich nur auf gewöhnliche bezw. Schnelldrehbänke. Bei den eigentlichen Wellen-Schruppbänken ist die Durchzugskraft erheblich größer.

Der Nickel- und Chrom-Nickelstahl läßt sich in Tabelle 24 und 25 nicht gut einordnen, weil die Vorschübe bei gleichen Schnittiefen (wie in Tab. 25) wesentlich geringer eingesetzt werden müssen. Aus demselben Grunde ist auch eine Abstufung der Vorschübe mit Rücksicht auf die Größe der Drehbank nicht vorteilhaft, denn wenn auch die Durchzugskraft einer Drehbank die in Tabelle 25 angegebenen Schnittiefen und Vorschübe selbst bei Chrom-Nickel-Stahl bewältigen würde, so ist jedoch auch der allerbeste Schnelldrehstahl nicht im Stande, damit gleichen Schritt zu halten. Daher können selbst auf starken Drehbänken bei Bearbeitung von Chrom-Nickelstahl nur verhältnismäßig geringe Vorschübe eingesetzt werden.

Alle erforderlichen Werte für die Bearbeitung auf der Drehbank enthält die nächste Tabelle Nr. 26.

TABELLE 26

Werte für Chrom-Nickel- und Nickelstahl.

Materia	Verwendungszweck	Festigkeit kg p. mm^2	Dehnung %	Schnittgeschw. v in m/in.	Schnittgeschw. v in mm/Sek.	Schnittiefe t in mm	Vorschub p. Umdr. mm
Chrom-Nickelstahl	Im Einsatz gehärtete und im Betriebe aufs äußerste beanspruchte Zahnräder	80	12	7	117	10 5 2	0,2—0,4 0,4—0,6 0,6—1
do.	Im Einsatz gehärtete und im Betriebe hoch beanspruchte Zahnräder, Antriebs- und Steuerungsteile	70	16	8	133	10 5 2	0,3—0,5 0,6—0,8 0,8—1,2
Nickelstahl mit hohem Nickelgehalt	Ungehärtete, mäßig beanspruchte Steuerungsteile, Achsen und Zahnräder	60	22	9	150	10 5 2	0,3—0,5 0,7—1 1—1,5
Nickelstahl mit geringerem Nickelgehalt	Ungehärtete, mäßig beanspruchte Steuerungsteile, Achsen und Zahnräder	50 In ungehärtetem Zustande	30	10—11	166—183	10 5 2	0,3—0,5 0,7—1 1—1,5

Längsarbeiten (Wellen, Walzen usw.).

Die Formel für die Berechnung der Laufzeit bei Längsarbeiten lautet:

$$\text{Zeit für 1 Schnitt in Min. } T = \frac{d \cdot \pi \cdot l}{60 \cdot v_1 \cdot s}$$

worin d = Durchmesser des Arbeitsstückes in mm
l = Drehlänge in mm
v_1 = Schnittgeschw. in mm/Sek.
s = Vorschub p. Umdrehung in mm.

Es empfiehlt sich, bei Anwendung dieser Formel die Schnittgeschwindigkeit stets in mm/Sek. und auch alle anderen Maße in mm einzusetzen, weil dann die vielen Dezimalstellen, die bei der Rechnung mit m auftreten, fortfallen.

Beispiel: 1 Welle aus SM-Stahl, Fig. 20, mit 1 Schnitt überdrehen:

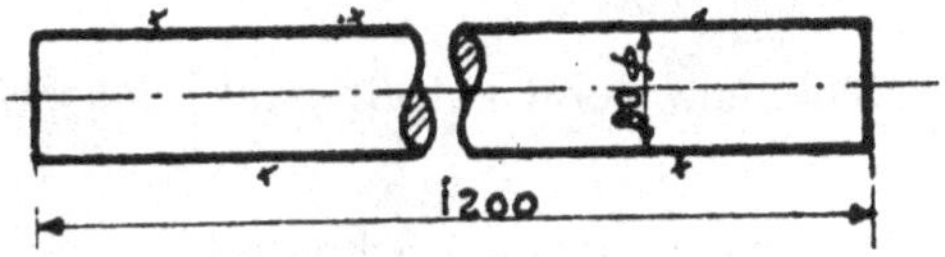

Fig. 20.

Es sei v_1 = 200 mm/Sek.; s = 0,5 mm; dann ist

$$T = \frac{80 \cdot \pi\, 1200}{60 \cdot 200 \cdot 0{,}5} = 50 \text{ Min.}$$

Beispiel: 1 Welle aus SM-Stahl, Fig. 21, mit 1 Schnitt überdrehen:

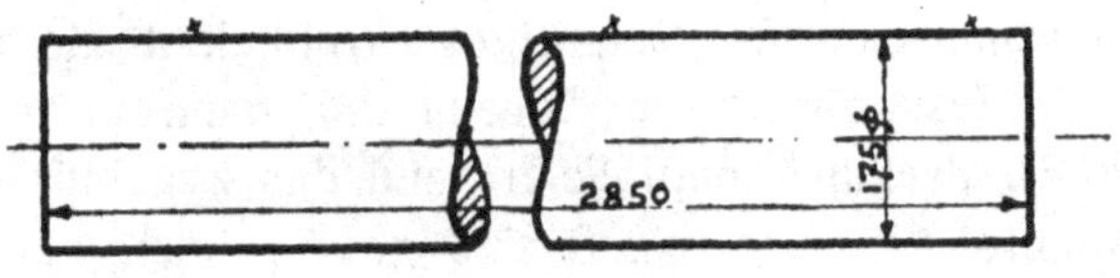

Fig. 21.

Bei Zugrundelegung derselben Werte für v_1 und s ist

$$T = \frac{175 \cdot \pi \cdot 2850}{60 \cdot 200 \cdot 0{,}5} = 260 \text{ Min.}$$

Mit Hilfe der Tabelle 23, Seite 50, die die minutlichen Umdrehungszahlen angibt, läßt sich die Laufzeit auch in der Weise berechnen, daß man aus Umdrehungszahl und Vorschub die in der Minute erzielte Schnittlänge berechnet und das Resultat in die ganze Drehlänge dividiert.

Beispiel: Eine Welle aus SM-Stahl, Fig. 22, soll mit 1 Schnitt überdreht werden; es sei $v_1 = 200$ mm/Sek.; $s = 0{,}7$ mm.

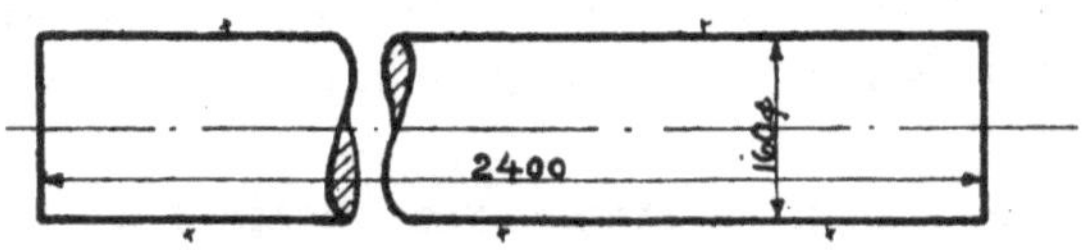

Fig. 22.

Nach Tabelle 23 ist für 160 mm Durchmesser bei einer Schnittgeschwindigkeit von 200 mm/Sek. die minutliche Umdrehungszahl $n = 23{,}9$. Dann ist

$$T = \frac{2400}{23{,}9 \cdot 0{,}7} = 144 \text{ Min.}$$

Für die Berechnung der Laufzeit nach dieser Methode lautet die Formel also:

$$\text{Zeit in Min. } T = \frac{\text{Drehlänge in mm} \times \text{Schnittzahl}}{\text{minutl. Umdrehungszahl} \times \text{Vorschub p. Umdrehg. i. mm}}$$

abgekürzt:

$$T = \frac{l \cdot \chi}{n \cdot s}$$

Die Laufzeitberechnung nach dieser Formel möchte ich jedem Leser als die meines Erachtens zweckmäßigste empfehlen, da sie sich am leichtesten dem Gedächtnis einprägt und sich ohne schriftliche Aufzeichnungen leicht und vollständig am Rechenschieber lösen läßt.

Man geht dabei vorteilhaft in der Weise vor, daß man zunächst aus Durchmesser und Schnittgeschwindigkeit die minutliche Umdrehungszahl feststellt (siehe Tabelle 23), dann diese mit dem Vorschub pro Umdrehung multipliziert und das Ergebnis (den Vorschub i. d. Minute) in die ganze Drehlänge dividiert; bei mehreren Schnitten ist dann das Endresultat noch mit der jeweiligen Schnittzahl zu multiplizieren.

Mit Hilfe der graphischen Tafel Fig. 23 (siehe diese) lassen sich die Umdrehungszahlen für verschiedene Drehdurchmesser und Schnittgeschwindigkeiten bequem graphisch bestimmen.

B e i s p i e l 1. Eine Riemscheibe von 700 mm Durchmesser soll mit einer Schnittgeschwindigkeit = 220 mm/Sek. überdreht werden; wieviel Umdrehungen in der Minute muß die Drehbank machen?

Vom linken Rand aus verfolge man bei 700 mm Durchmesser die Horizontale nach rechts bis zum Schnittpunkt mit der Senkrechten für 220 mm/Sek.; durch diesen Schnittpunkt geht schräg aufwärts die Linie, die am oberen Rand der Tafel 6 Umdrehungen anzeigt.

B e i s p i e l 2. Wieviel Umdrehungen in der Minute macht ein Spiralbohrer von 20 mm Durchmesser bei einer Schnittgeschwindigkeit = 400 mm/Sek.?

Statt des Durchmessers von 20 mm gehe man von 200 mm aus, verfolge die Horizontale nach rechts, bis sie die senkrechte Linie für 400 mm Schnittgeschwindigkeit schneidet; durch diesen Schnittpunkt geht schräg aufwärts die Linie, die am rechten Rand der Tafel 38 Umdrehungen anzeigt. Für einen Durchmesser von 20 mm kommen also 380 Umdrehungen in Frage (genauer 382). Umgekehrt läßt sich die Tafel auch benützen zur Bestimmung der Schnittgeschwindigkeit, wenn Durchmesser und Umdrehungszahl gegeben sind.

B e i s p i e l 3. Wie groß ist die Schnittgeschwindigkeit beim Ueberdrehen eines Drehkörpers von 400 mm Durchmesser, wenn die Drehbank 10 Umdrehungen in der Minute macht?

Vom linken Rand aus verfolge man bei 400 mm Durchmesser die Horizontale, bis sie die am rechten Rand oben beginnende schräge Linie für 10 Umdrehungen schneidet; von diesem Schnittpunkt aus verfolge man die Senkrechte, die am unteren Rand 210 mm/Sek. anzeigt.

Ein weiteres Hilfsmittel für die Laufzeitberechnung stellt die nächste Tabelle, Nr. 27, dar, in welcher die Laufzeit für 10 mm Drehlänge, für Durchmesser von 10—3000 mm, bei Vorschüben von 0,25—1 resp. 1,5 mm ermittelt ist; dieser Tabelle ist eine Schnittgeschwindigkeit von 10 m/Min. zugrunde gelegt.

Beispiel: Eine Welle, Fig. 24, soll mit 1 Schnitt überdreht werden; es sei v = 10 m/Min.; s = 0,5 mm, dann ist

$$T = \frac{45{,}5 \cdot 95}{60} = 72 \text{ Min.}$$

Um die Tabelle Nr. 27 nun auch für größere oder geringere Schnittgeschwindigkeiten als 10 m/Min. anwenden zu können, ist rechts eine kleine Hilfstabelle angefügt, deren äußerste rechte Spalte die Koeffizienten angibt, mit denen die Zeitangaben der Tabelle zu multiplizieren sind, sobald der Rechnung eine beliebige andere Schnittgeschwindigkeit zugrunde gelegt wird.

TABELLE 27 *).

Laufzeit für 10 mm Drehlänge bei einer Schnittgeschwindigkeit = 10 m Min.

Vorschub p. Umdr. m/m	ø	Durchmesser des Arbeitsstückes in mm. Laufzeit in Sekunden resp. Minuten für 10 mm Drehlänge.									
	ø	10	20	30	40	50	60	70	80	90	100
0,25		7,6	15,2	22,7	30,3	38	45,5	53	60,5	68	76
0,5		3,8	7,6	11,4	15,2	19	22,8	26,5	30,3	34	38
0,75		2,5	5,1	7,6	10,1	12,6	15,5	17,6	20,3	22,6	25,4
1		1,9	3,8	5,7	7,6	9,5	11,4	13,3	15,1	16,8	19
	ø	120	140	160	180	200	220	240	260	280	300
0,25		91	106	121	136	152	167	182	197	212	227
0,5		45,5	53	60,5	68	76	83,5	91	98,5	106	113,5
0,75		30,3	35,3	40,3	45,3	50,7	55,7	60,7	65,7	70,7	75,7
1		22,7	26,5	30,3	34	38	41,7	45,5	49,3	53	57
	ø	320	340	360	380	400	420	440	460	480	500
0,25		242	4,3	4,5	4,8	5	5,3	5,5	5,8	6	6,3
0,5		121	2,15	2,25	2,4	2,5	2,64	2,75	2,9	3	3,15
0,75		80,7	1,42	1,5	1,6	1,67	1,76	1,84	1,92	2	2,1
1		60	1,07	1,13	1,19	1,25	1,32	1,38	1,44	1,5	1,57
	ø	525	550	575	600	625	650	675	700	725	750
0,25		6,6	6,9	7,2	7,55	7,85	8,2	8,5	8,8	9,1	9,45
0,5		3,3	3,45	3,6	3,75	3,9	4,1	4,25	4,4	4,55	4,7
0,75		2,2	2,3	2,4	2,5	2,6	2,72	2,82	2,92	3,03	3,15
1		1,64	1,72	1,8	1,88	1,96	2,05	2,12	2,2	2,27	2,36
	ø	775	800	825	850	875	900	950	1000	1050	1100
0,25		9,75	10	10,4	10,7	11	11,3	11,9	12,6	13,2	13,8
0,5		4,85	5	5,2	5,35	5,5	5,6	5,95	6,3	6,6	6,9
0,75		3,25	3,3	3,45	3,55	3,65	3,75	3,96	4,17	4,4	4,6
1		2,43	2,5	2,59	2,67	2,75	2,83	2,98	3,15	3,3	3,45
	ø	1150	1200	1250	1300	1350	1400	1450	1500	1550	1600
0,25		14,4	15,1	15,7	16,3	17	17,6	18,2	18,8	19,5	20
0,5		7,2	7,5	7,85	8,15	8,5	8,8	9,1	9,4	9,75	10
0,75		4,8	5	5,2	5,4	5,65	5,85	6,1	6,28	6,5	6,
1		3,6	3,75	3,92	4,07	4,25	4,4	4,55	4,7	4,86	5
	ø	1650	1700	1750	1800	1850	1900	1950	2000	2100	2200
0,25		20,8	21,4	22	22,6	23,3	24	24,5	25,2	26,4	27,6
0,5		10,4	10,7	11	11,3	11,6	12	12,2	12,6	13,2	13,8
0,75		6,9	7,2	7,3	7,55	7,75	7,95	8,17	8,4	8,8	9,2
1		5,2	5,32	5,5	5,63	5,8	5,95	6,1	6,3	6,6	6,9
1,5		3,45	3,6	3,65	3,78	3,87	3,98	4,09	4,2	4,4	4,6
	ø	2300	2400	2500	2600	2700	2800	2900	3000		
0,25		29	30,2	31,5	32,7	34	35	36,3	37,5		
0,5		14,5	15,1	15,7	16,3	17	17,6	18,2	18,8		
0,75		9,63	10	10,5	10,9	11,3	11,7	12,1	12,5		
1		7,25	7,5	7,85	8,15	8,5	8,8	9,1	9,4		
1,5		4,82	5,02	5,25	5,45	5,65	5,8	6,05	6,25		

Wenn v = m/Min.	dann multipl. Tabellen-Werte mit
4	2,5
5	2
6	1,66
7	1,43
8	1,25
9	1,11
11	0,91
12	0,83
13	0,77
14	0,71
15	0,66
16	0,62
18	0,55
20	0,5
22,5	0,44
25	0,4
27,5	0,36
30	0,33
35	0,28
40	0,25
45	0,22
50	0,2

Soll zum Beispiel die Welle, Fig. 24, in 1 Schnitt mit einer Schnittgeschwindigkeit von **14** m/Min. überdreht werden, so gibt die Hilfstabelle für 14 m/Min. den Koeffizienten = 0,71 an; dann ist

$$T = \frac{45,5 \cdot 95}{60} \cdot 0,71 = 51 \text{ Min.}$$

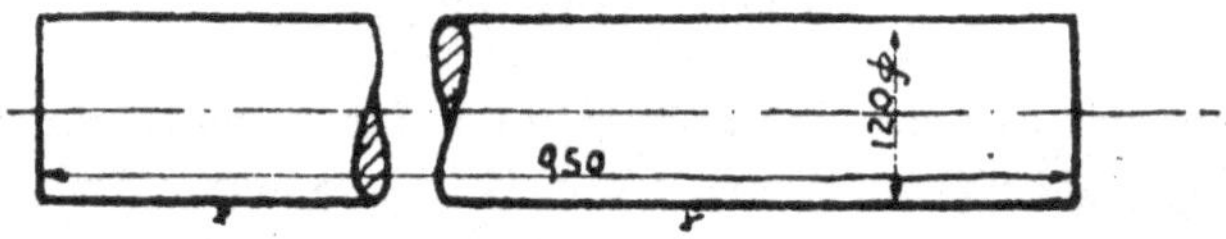

Fig. 24.

*) Bis zu dem Kennstrich bei 320 mm Durchm. ist die Laufzeit in **Sek.**, von **340** mm Durchm. an in Min. angegeben.

Die folgende graphische Tabelle, Fig. 25, ist insofern allen bisher aufgeführten überlegen, als sie es ermöglicht, die Laufzeit für die verschiedensten Durchmesser, Schnittgeschwindigkeiten und Vorschübe schnell zu bestimmen.

Graphische Laufzeittafel.

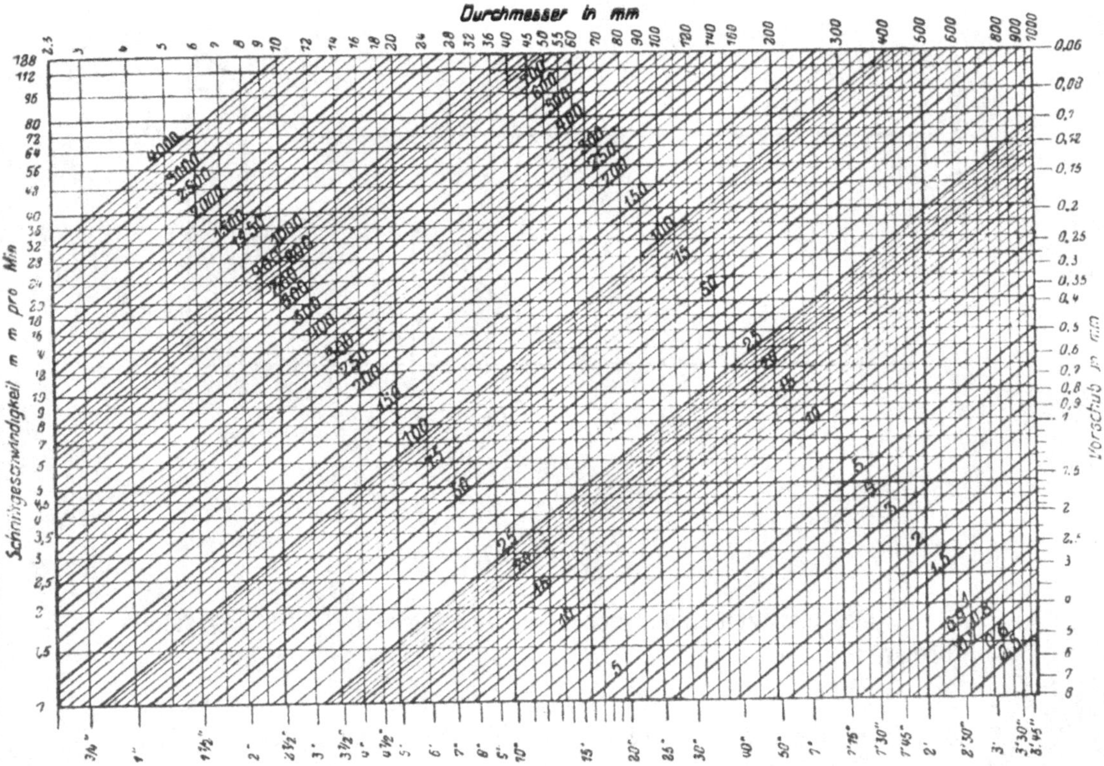

Fig. 25.

In dem folgenden Beispiel sei die Anwendung dieser graphischen Tabelle erklärt; siehe Fig. 26.

1 Welle aus SM-Stahl, 400 mm Durchm., 1250 mm lang, soll mit 1 Schnitt überdreht werden; v sei $= 10$ m/Min., $s = 2$ mm. Man verfolge Pfeil 1 und 2 bis zu ihrem Schnittpunkt, gehe dann, (Pfeil 3) an der schrägen Linie abwärts, bis diese die Horizontale schneidet, welche am rechten Rande der Tabelle den Vorschub von 2 mm anzeigt; von diesem Schnittpunkt gehe man senkrecht nach unten, Pfeil 4, wo man die Zeit für 10 mm Drehlänge $=$ 38 Sek. abliest.

Bei einer Drehlänge $=$ 1250 mm ist dann die Zeit für 1 Schnitt über die ganze Welle in Min.:

---

*) Aus „Werkstattstechnik" 1910. S. 134.

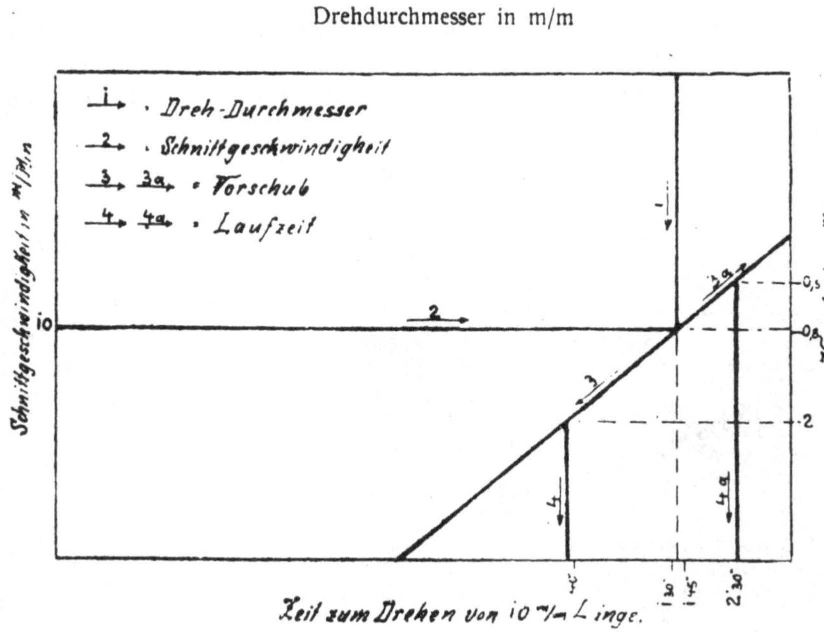

Fig. 26.

$$T = \frac{1250 \cdot 38}{10 \cdot 60} = \sim 79 \text{ Min.}$$

Die schrägen Linien geben die zugehörigen Umdrehungszahlen pro Minute an.

Im allgemeinen wird man bei der Berechnung der Laufzeiten mit den bis jetzt dargestellten Formeln und Tabellen auskommen; genauer wird die Rechnung allerdings, wenn man für die Umdrehungszahlen und Vorschübe, besonders der größeren Kopf- und Spitzendrehbänke und Bohrwerke, genaue Aufstellungen macht, wie dies bei den Hobel- und Stoßmaschinen gezeigt wurde.

Beim Vergleich mehrerer derartiger Drehbanktabellen stellt sich nämlich heraus, daß in vielen Fällen bei einem bestimmten Drehdurchmesser gerade die der Rechnung zugrunde gelegte Schnittgeschwindigkeit auf der betreffenden Maschine überhaupt nicht zu erzielen ist, so daß, wenn eine Ueberschreitung der Schnittgeschwindigkeit wegen der Härte des Materials nicht zulässig ist, die Schnittgeschwindigkeit, die sich aus dem nächst langsamerer Gang der Antriebsstufenscheibe ergibt, eine oftmals ganz wesentliche Verlängerung der Bearbeitungszeit zur Folge hat.

Die Ursache dieser Erscheinung liegt in den Verschiedenheiten der Uebersetzungsverhältnisse der 1—3 fachen Rädervorgelege und in der mehr oder minder großen Abstufung der Antriebsstufenscheibe begründet.

Ist der Unterschied in den Durchmessern der einzelnen Stufen verhältnismäßig gering, etwa wie in Fig. 27 angedeutet, dann läßt sich ohne Schwierigkeit die Schnittgeschwindigkeit resp die Umdrehungszahl dem entsprechenden Drehdurchmesser annähernd anpassen; dagegen ist dies nicht möglich, wenn die Stufenscheibe ähnlich der Fig. 28 abgestuft ist.

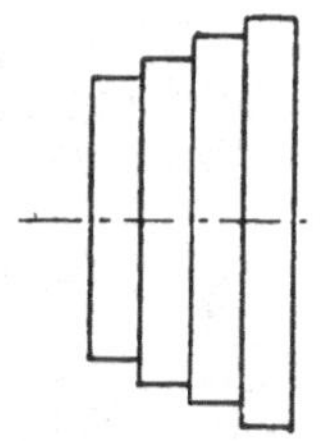

Fig. 27.

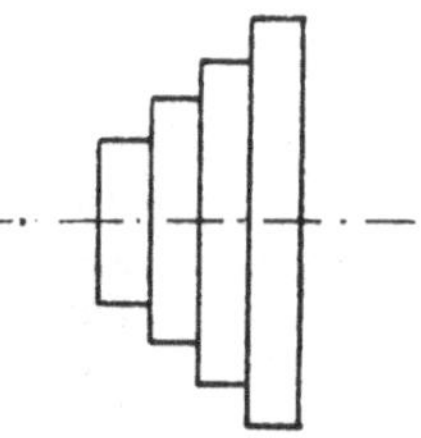

Fig. 28.

In den folgenden beiden Drehbanktabellen No. 28 und 29 kommt dieser Gegensatz gut zum Ausdruck; an Hand einer solchen Tabelle läßt sich die Laufzeit nach der Formel:

$$\text{Zeit in Min. } T = \frac{\text{Drehlänge in mm} \times \text{Schnittzahl}}{\text{minutliche Umdr.} \times \text{Vorschub in m/m p Umdr.}}$$

ganz genau berechnen.

In dieser Aufstellung sind unter Zugrundelegung einer Höchstschnittgeschwindigkeit von 12 resp. 15 m/Min. für Gußeisen die daraus sich ergebenden Drehdurchmesser festgelegt. Der Abstufungsfaktor (erste Spalte unten) ist die Zahl, welche, mit einer der angegebenen Umdrehungszahlen multipliziert, stets die nächst größere Umdrehungszahl ergibt; demnach bilden die Umdrehungszahlen eine geometrische Reihe, deren Exponent der Abstufungsfaktor ist. Zum Beispiel Tabelle Nr. 28 Exponent $1{,}24 \times 0{,}94 = 1{,}16$

$1{,}24 \times 1{,}16 = 1{,}44$

$1{,}24 \times 1{,}44 = 1{,}78$ u. s. f.

Eine Abweichung findet nur statt beim Uebergang von Stufe *d* mit Vorgelege nach Stufe *a* ohne Vorgelege (Drehbanktabelle Nr. 29).

In demselben Verhältnis, wie es der Exponent angibt, sinkt auch die Schnittgeschwindigkeit bei

Drehbank Nr. 28	Drehbank Nr. 29
von 12 auf 9,7 m/Min.	von 12 auf 7,1 m/Min.
resp. „ 15 „ 12 „	resp. „ 15 „ 8,9 „
Beweis: $\frac{12}{1{,}24} = 9{,}7$	Beweis: $\frac{12}{1{,}68} = 7{,}1$
$\frac{15}{1{,}24} = 12$	$\frac{15}{1{,}68} = 8{,}9$

TABELLE 28.

Aufstellung der Durchmesser für Gußeisen.

Umdr. p. Min. n	Stufe der unteren Stufenscheibe		Schnittiefe = 6—15 mm ν max. = 12 m/Min.	Schnittiefe = 2—5 mm ν max. = 15 m/Min.	Schlichten ν max. = 15 m/M n
			Drehdurchmesser für Gußeisen		
			mm	mm	mm
18.8	*e*	ohne Vorgelege	—200	—250	—250
15,2	*d*		200—250	250—315	250—315
12,2	*c*		250—315	315—390	315—390
9,8	*b*		315—390	390—485	390—485
7,9	*a*		390—485	485—600	485—600
6,4	*e*	1 faches Vorgelege	485—600	600—740	600—740
5,15	*d*		600—740	740—920	740—920
4,15	*c*		740—920	920—1140	920—1140
3,35	*b*		920—1140	1140—1420	1140—1420
2,7	*a*		1140—1420	1420—1770	1420—1770
2,2	*e*	2 faches Vorgelege	1420—1740	1770—2150	1770—2150
1,78	*d*		1740—2150	2150—2650	2150—2650
1,44	*c*		2150—2650	2650—3300	2650—3300
1,16	*b*		2650—3300	3300—4050	3300—4050
0,94	*a*		3300—4050	4050—5100	4050—5100
Abstufungs-Faktor = 1,24			ν minimal = 9,7 m/Min. ν maximal = 12 m/Min.	ν minimal = 12 m/Min. ν maximal = 15 m/Min.	

Graphische Darstellung der Tabelle 28.

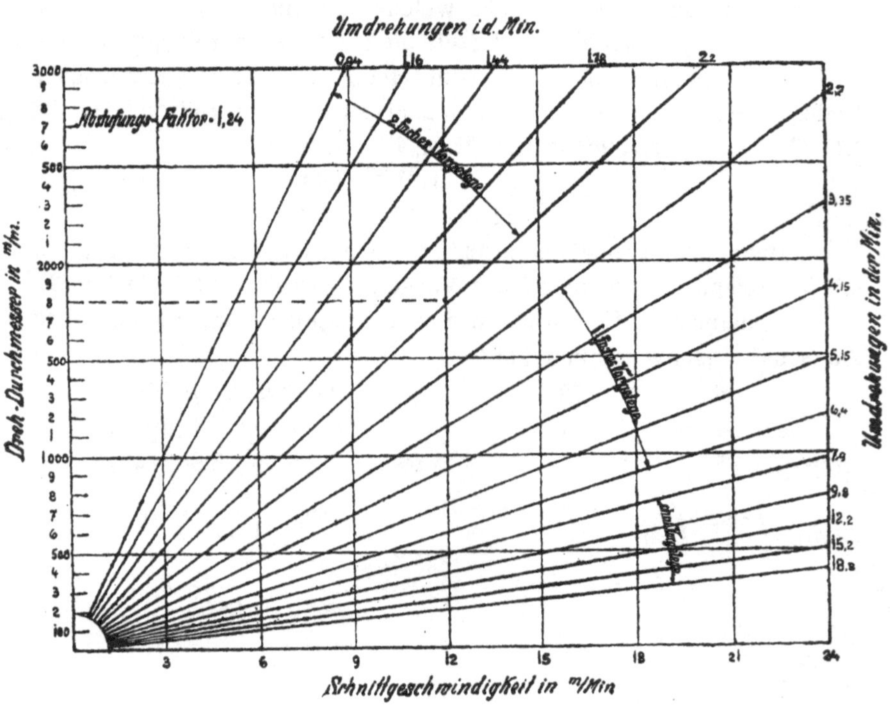

Fig. 29.

TABELLE 29.

Aufstellung der Durchmesser für Gußeisen.

Umdr. p. Min. n	Stufe der unteren Stufenscheibe		Schnittiefe = 6–15 mm v max. = 12 m/Min.	Schnittiefe = 2–5 mm v max. = 15 m/Min.	Schlichten v max. = 15 m/Min.
			Drehdurchmesser für Gußeisen		
			mm	mm	mm
20	*d*	ohne Vorgelege	—190	—240	—240
11,9	*c*		190—320	240—400	240—400
7,1	*b*		320—540	400—670	400—670
4,2	*a*		540—900	670—1140	670—1250
3,8	*d*	mit Vorgelege	600—1000	750—1250	750—1250
2,27	*c*		1000—1680	1250—2100	1250—2100
1,35	*b*		1680—2840	2100—3500	2100—3500
0,8	*a*		2840—4800	3500—6000	3500—6000
Abstufungs-Faktor = 1,68			v minimal = 7,1 m/Min. v maximal = 12 m/Min.	v minimal = 8,9 m/Min. v maximal = 15 m/Min.	

Graphische Darstellung der Tabelle 29.

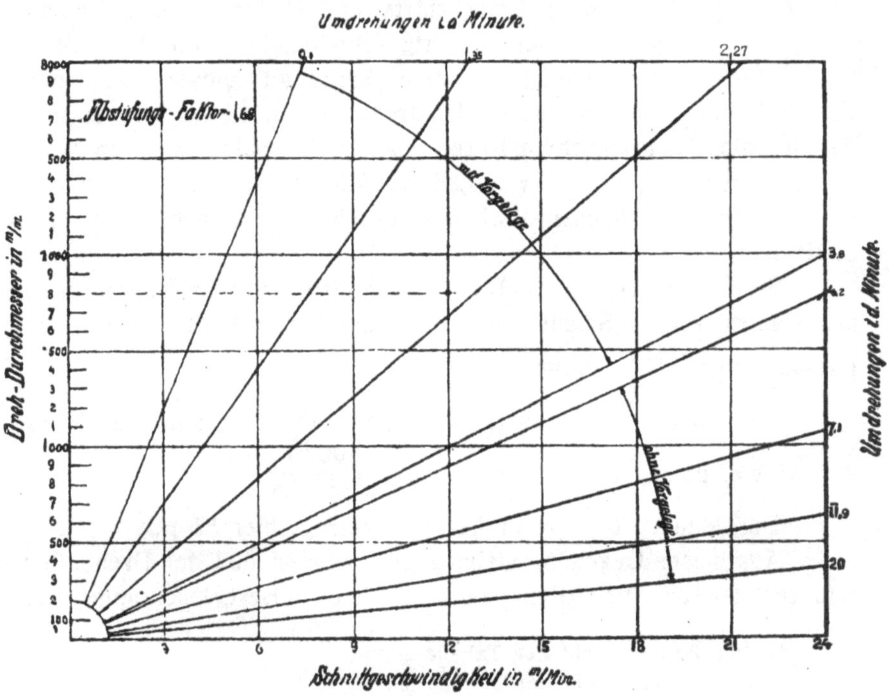

Fig. 30.

Die Formel für die Berechnung der Drehdurchmesser lautet:

$$\text{Drehdurchm. in mm} = \frac{\text{Schnittgeschw. in m/Min.} \times 1000}{\text{minutl. Umdr.} \times \pi}$$

$$= \frac{v \cdot 1000}{n \cdot \pi}$$

Beispiel: Wenn $v = 12$ m/Min., $n = 3{,}35$, dann ist

$$d = \frac{12 \cdot 1000}{3.35 \cdot \pi} = 1140 \text{ mm}$$

In derselben Weise stelle man mit Hilfe der Tabelle 25 Seite 53 für den praktischen Gebrauch die Drehdurchmesser für alle übrigen Materialien auf.

Die beiden graphischen Tafeln, Fig. 29 und 30*), lassen den Unterschied in der Abstufung und daraus folgend auch der Arbeitsweise dieser beiden Drehbänke deutlich erkennen.

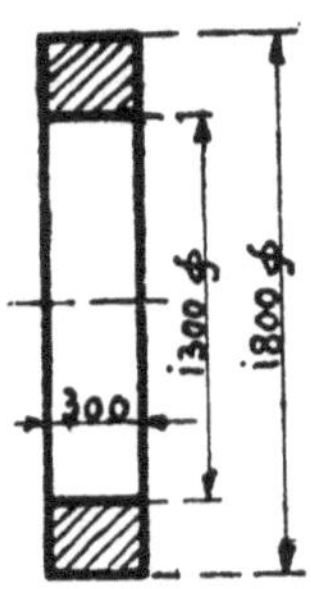

Fig. 31.

Soll z. B. ein Ring aus SM-Stahl nach Fig. 31 im Durchmesser überdreht werden, so würde bei Zugrundelegung einer Schnittgeschwindigkeit von 12 m/Min. rechnerisch die minutliche Umdrehungszahl $n = \frac{12}{1{,}8 \cdot \pi} = 2{,}13$ sein; soll der Ring nun auf der Drehbank nach Fig. 30 überdreht werden, und nehmen wir an, daß mit Rücksicht auf die Härte des Materials eine Ueberschreitung der Schnittgeschwindigkeit von 12 m/Min. nicht zulässig ist, dann käme auf dieser Bank nur die Stufe mit 1,35 minutlichen Umdrehungen in Frage. In diesem Fall ist die Schnittgeschwindigkeit aber nicht mehr = 12 m/Min., sondern nur noch $1{,}8 \cdot \pi \cdot 1{,}35 = 7{,}6$ m/Min., also = minus 36 pCt. In dem gleichen Verhältnis erhöht sich natürlich auch die Laufzeit.

Setzt man den Vorschub = 0,8 mm, dann ist beim Ueberdrehen des Ringes mit 1 Schnitt und 2,13 minutlichen Umdrehungen die Laufzeit $T = \frac{300 \cdot 1}{2{,}13 \cdot 0{,}8} = 176$ Min.

Setzt man jedoch die tatsächliche Umdrehungszahl der Bank = 1,35 ein, dann ist die Laufzeit $T = \frac{300 \cdot 1}{1{,}35 \cdot 0{,}8} = 277$ Min.

Der Mehrverbrauch an Laufzeit beträgt hier 57 pCt.

Aus dieser Gegenüberstellung geht hervor, daß der Dreher bei rein rechnerischer Ermittlung der Laufzeit, ohne Berücksichtigung der

*) Fig. 29 entspricht der Tabelle 28.
Fig. 30 entspricht der Tabelle 29.

Arbeitsweise dieser Bank, mit dem festgesetzten Akkordpreise nicht auskommen würde.

Das Diagramm Fig. 29 für die Drehbank nach Tab. 28 zeigt ein bedeutend günstigeres Bild. Hier würde für das gleiche Beispiel unter denselben Voraussetzungen statt der rechnerisch ermittelten Umdrehungszahl = 2,13 die tatsächliche Umdrehungszahl = 1,78 in Frage kommen.

Die Laufzeit wäre dann $T = \frac{300 \cdot 1}{1{,}78 \cdot 0{,}8} = 210$ Minuten.

Der Mehrverbrauch an Laufzeit beträgt dann nur noch 19 pCt.

Hält sich der Abstufungsfaktor in den Grenzen zwischen 1,2 bis 1,3, dann kann er noch als günstig betrachtet werden.

Für die Drehbank nach Tabelle 28 beträgt er 1,24.

Für die Drehbank nach Tabelle 29 beträgt er 1,68.

Das Diagramm, Fig. 32, zeigt die Abstufung einer 13 m langen Wellendrehbank.

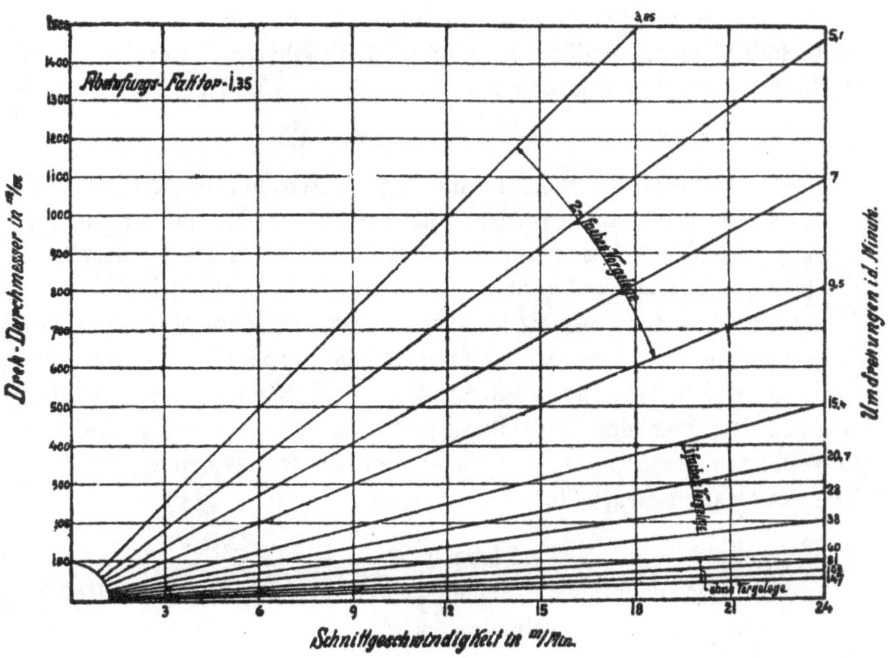

Fig. 32.

Wenn man auf dieser Bank eine Welle von 400 mm Durchmesser und 13 m Länge mit einer Schnittgeschwindigkeit = 18 m/Min. und einem Vorschub = 1,25 mm p. Umdr. überdrehen will, so würde man, wenn die Umdrehungszahlen und Vorschübe der Bank nicht bekannt sind, die Laufzeit rechnerisch folgendermaßen ermitteln:

$$n = \frac{18}{0{,}4 \cdot \pi} = 14{,}4; \text{ Laufzeit in Min. } T = \frac{13000}{14{,}4 \cdot 1{,}25} = 720 \text{ Min.}$$

Setzt man jedoch die tatsächliche Umdrehungszahl der Bank ein, so käme, wenn v nicht größer als 18 m/Min. sein darf, nur $n =$ 9,5 in Frage.

Dann ist die Laufzeit in Min. $T = \frac{13000}{9{,}5 \cdot 1{,}25} = 1094$ Min.

Diese großen Unterschiede in der Laufzeit entstehen allein durch die Abweichung der tatsächlichen von der angenommenen Umdrehungszahl; es kommt nun hinzu, daß in allen Betrieben, wo derartige Maschinenaufnahmen nicht durchgeführt sind, außer den Umdrehungszahlen auch die Vorschübe dem Kalkulator unbekannt sind.

Der Vorschub von 1,25 mm in der letzten Aufgabe war willkürlich angenommen; in Wirklichkeit hatte die obige Wellendrehbank folgende Vorschübe: 0,5 — 1 — 1,5 — 2 mm p. Umdr.

Ist nun bei entsprechend großer Schnittiefe der nächst größere Vorschub nicht anwendbar, dann käme der nächst geringere = 1 mm in Frage; dann ist die Laufzeit in Min.

$$T = \frac{13000}{9{,}5 \cdot 1} = 1368 \text{ Min.}$$

Dieses Resultat weicht von dem ersten bereits um 90 pCt. ab. Es soll zugegeben werden, daß die Fälle nicht immer so ungünstig liegen, wie hier gezeigt, und daß oftmals durch die mögliche Ueberschreitung von v und s ein Ausgleich herbeigeführt wird. Immerhin sind derartige Fälle keine Seltenheit, und besonders bei Werkstücken von großem Durchmesser oder großer Länge, die also an sich eine erhebliche Laufzeit erfordern, machen diese Unterschiede zwischen der theoretisch errechneten und der auf der betreffenden Maschine erreichbaren Laufzeit einen erheblichen Teil der Gesamt-Bearbeitungszeit aus.

Planarbeiten.

Die Formel für die Berechnung der Laufzeit beim Plandrehen, wie: Abflächen von Platten, Ringen, Scheiben, Stirnseiten von Wellen und Walzen usw. lautet:

$$\text{Zeit in Min. } T = \frac{d^2 \cdot \pi \cdot \chi}{4 \cdot 60 \cdot v_1 \cdot s}$$

$$= \frac{\text{Kreisinhalt in mm} \times \text{Schnittzahl}}{60 \times \text{Schnittgeschw. in mm/Sek.} \times \text{Vorschub in mm}}$$

Beispiel: Eine Platte — Fig. 33 soll mit 2 Schnitten abgeflächt werden.

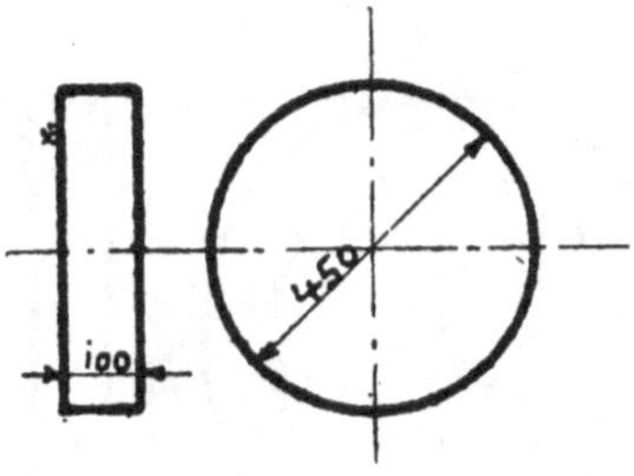

Fig. 33.

Es sei v_1=180 mm/Sek.— s=0,8. Der Flächeninhalt eines Kreises von 450 mm Durchm. = 159043 qmm, dann ist die Laufzeit für 2 Schnitte

$$T = \frac{159\,043 \cdot 2}{60 \cdot 180 \cdot 0{,}8} = \sim 37 \text{ Min.}$$

Die Laufzeit für Planarbeiten berechnet man auch ohne Benutzung einer Kreisinhaltstabelle, indem man den mittleren Durchmesser und die Breite der Schnittfläche festlegt; bei einer Platte nach Fig. 34 ist der mittlere Durchmesser = 350 mm und die Breite der Schnittfläche ebenfalls 350 mm

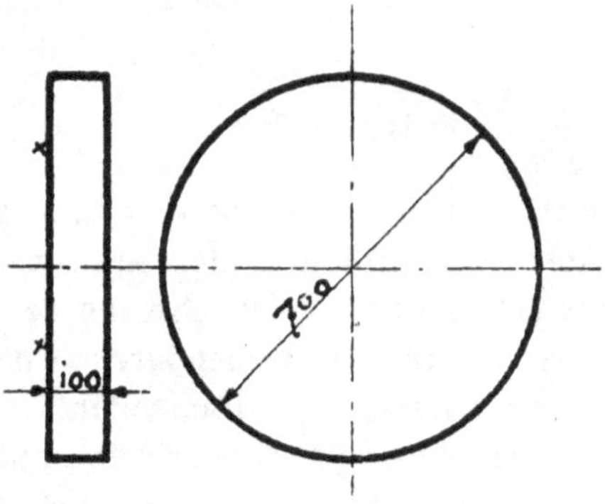

Fig. 34.

v_1 sei = 200 mm/Sek.

s „ = 0,8 mm

n ist = 11

(nach Tab. 23 ist $n = \frac{60 \cdot 200}{350 \cdot \pi} = 11$)

χ sei = 2

dann ist die Laufzeit für 2 Schnitte

$$T = \frac{350 \cdot 2}{11 \cdot 0{,}8} = \backsim 80 \text{ Min.}$$

In derselben Weise berechnet man auch die Laufzeit für Ringflächen

An dem Ring, Fig. 35, ist der mittlere Durchmesser = 600 mm; die Breite der Schnittfläche = 100 mm;

v_1 sei = 200 mm/Sek.

s „ = 0,8 mm

n ist = 6,35 (nach Tab. 23 ist $n = \frac{60 \cdot 200}{600 \cdot \pi} = 6{,}35$)

χ sei = 2

dann ist die Laufzeit für 2 Schnitte

$$T = \frac{100 \cdot 2}{6{,}35 \cdot 0{,}8} = 39{,}5 \text{ Min.}$$

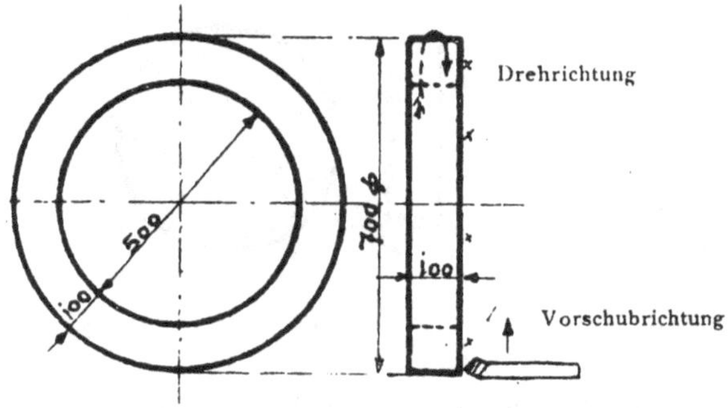

Fig. 35.

Bei allen Planarbeiten entsteht naturgemäß ein Sinken der Schnittgeschwindigkeit, wenn die Schnittrichtung von außen nach innen geht; siehe Pfeilrichtung der Fig. 35. — Bei dem Ring im vorigen Beispiel (Fig. 34) ist am äußeren Durchmesser von 700 mm bei 6,35 Umdrehungen die Schnittgeschwindigkeit

$$v_1 = \frac{700 \cdot \pi \cdot 6{,}35}{60} = 232 \text{mm/Sek.}$$

am inneren Durchmesser beträgt bei derselben Umdrehungszahl die Schnittgeschwindigkeit nur noch

$$v_1 = \frac{500 \quad \pi \cdot 6{,}35}{60} = 166 \text{mm/Sek.}$$

Dieser Verlust an Schnittgeschwindigkeit entsteht dadurch, daß der Treibriemen nur dem Abstufungsverhältnis der Antriebsstufenscheibe folgen kann; die Größe dieses Verlustes wächst mit der Breite der Ringfläche und der Differenz der Stufenscheibendurchmesser.

Zur Vereinfachung der Berechnung von Laufzeiten an Ringflächen, und um die Größe der Geschwindigkeitsverluste annähernd richtig zu bewerten, sind in der Tabelle Nr. 25, Seite 53, über Durchschnittswerte die Schnittgeschwindigkeiten für Plandrehen wesentlich niedriger eingesetzt als für Langdrehen.

Setzt man beim Plandrehen diese geringen Werte ein und rechnet mit dem mittleren Drehdurchmesser, wie in den beiden letzten Beispielen gezeigt wurde, dann erhält man ein zutreffendes Resultat, das nur in seltenen Fällen von der Wirklichkeit wesentlich abweichen wird. Wesentliche Unterschiede werden nur dort entstehen, wo der Abstufungsfaktor (siehe S. 64—65) größer als **1,4** ist.

Das Gewindeschneiden auf der Drehbank

Im Verhältnis zum Lang- oder Plandrehen bietet die Zeitberechnung für das Gewindeschneiden erheblich größere Schwierigkeiten; die beiden nächsten Tabellen sollen einen Anhalt für diese Berechnungen geben. Sie sind für das Schneiden von Spitz- und Flachgewinde in SM-Stahl berechnet. Dabei ist die Schnittgeschwindigkeit = 125 mm/Sek. angenommen, der Vorschub ist gleich der Steigung des Gewindes.

Der Gang der Bearbeitung ist in der Weise gedacht, daß das Vorschneiden bis auf die nötige Tiefe mit der in der 6. Rubrik angegebenen Schnittzahl erledigt ist. Diese Zahl ergibt sich aus der Formel

$$\text{Schnittzahl} = \frac{\text{Gewindetiefe}}{\text{Spantiefe pro Schnitt}}$$

Das Schlichten beider Gewindeflanken und des Grundes soll mit der in der 7. Rubrik angegebenen Schnittzahl geschehen.

Die Zeit für den Rücklauf des Supportes ist = ¾ der Zeit für das Schneiden angenommen; wird jedoch der Support mit der Hand zurückgekurbelt, dann verringert sich diese Zeit erheblich.

Alle nicht durch Rechnung zu ermittelnden Faktoren dieser Tabellen stellen zuverlässige Erfahrungswerte dar, die mit Sicherheit benutzt werden können.

Die Tabellenwerte beziehen sich auf Einzelausführungen und sind bei größerer Zahl entsprechend zu verringern.

Beispiel für Flachgewinde:

80 mm Durchm., 400 mm Länge; Steigung 9,2 mm.

Einstellen der Wechselräder	5 Min.
19 + 14 = 33 mal Schnitt an- und abstellen à 1 Min. =	33 „
Stähle schleifen und einspannen . . . . . . =	15 „
*)Gesamtlaufzeit für das Schneiden $T = \frac{80 \cdot \pi \cdot 400 \cdot 33}{60 \cdot 125 \cdot 9{,}2} =$	48 „
Gesamtzeit für 33 Rückläufe = 48 × 0,75 . . . =	36 „
Gewinde sauber machen und einpassen . . . . =	16 „
	153 Min.

*) Hier ist für die Berechnung der Laufzeit die Schnittgeschwindigkeit (125 mm/Sek.) in den Nenner eingesetzt, entsprechend der auf Seite 57 angegebenen Formel

$$T = \frac{d \cdot \pi \cdot l}{60 \cdot v_1 \cdot s}$$

Setzt man statt dessen aber die minutliche Umdrehungszahl — 30 — ein, dann sieht die Rechnung, entsprechend der auf S. 58 angegebenen Formel, so aus:

$$T = \frac{400 \cdot 33}{30 \cdot 9{,}2} = 48 \text{ Min.}$$

Beispiel für Spitzgewinde:
3'' Durchm., 240 mm Länge; Steigung 7,26 mm

Einstellen der Wechselräder	= 5 Min.
18 + 7 = 25 mal Schnitt anstellen à 0,9 Min. . .	= 22,5 „
Stähle schleifen und einspannen	= 9 „
*)Gesamtlaufzeit für das Schneiden $T = \frac{76 \cdot \pi \cdot 240 \cdot 25}{60 \cdot 125 \cdot 7,26}$	= 26 „
Gesamtzahl für 25 Rückläufe = 26 × 0,75 . . .	= 19,5 „
Gewinde sauber machen und einpassen	= 10 „
	92 Min.

Uebungsbeispiele für Dreherei.

a) Laufzeitberechnung nach Tab. 27 unter Benutzung der dieser Tabelle angefügten Umrechnungsfaktoren. Werte, die in Tabelle 27 nicht enthalten sind, z. B. 110, 130, 150 mm Durchmesser usw. sind durch Zwischenrechnung festzulegen. Im Übrigen runde man alle Werte möglichst ab.

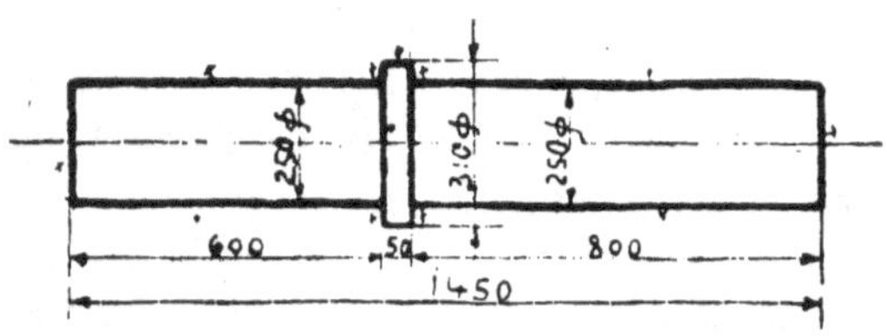

Fig. 36.

)Aufgabe:** Eine schmiedeeiserne Welle, Fig. 36, drehen und sauber machen, die Bearbeitungszugabe betrage allseitig 5—7 mm; in Frage kommt eine Drehbank mit einer Spitzenhöhe = ca. 500 mm.

Nach Tabelle 25 ist bei Schmiedeeisen die Schnittgeschwindigkeit für

das Vorschruppen	= 15 m/Min.	beim Langdrehen
das Nachschruppen u. Trockenschlichten	= 19 „	
das Sauberschlichten	= 17 „	
das Vorschruppen	= 13 m/Min.	beim Plandrehen
das Nachschruppen u. Trockenschlichten	= 16 „	
das Sauberschlichten	= 14,5 „	

Nach Tabelle 27 ist der Umrechnungsfaktor für

13 m/Min.	= 0,77
14,5 „	= 0,68
15 „	= 0,66
16 „	= 0,62
17 „	= 0,59
19 „	= 0,53

*) Genau so verhält es sich mit dem Beispiel für Spitzgewinde: die minutliche Umdrehungszahl ist 31,5; dann ist

$$T = \frac{240 \cdot 25}{31,5 \cdot 7,26} = 26 \text{ Min.}$$

**) Vgl. Aufgabe S. 59 unten.

TABELLE 30.

Zeitberechnung für das Schneiden von 1 gängigem Flachgewinde.

Aeusserer Gewinde Ø in mm	Gewindelänge mm	Steigung mm	Gewindetiefe mm	Spantiefe pro Schnitt mm	Schnittzahl beim vorschneid.	Schnittzahl beim fertig schneid.	Wechsel-Räder einstellen Min.	Zeit für d. Anstellen jedes Schnittes Min.	Stähle schleifen und einspannen Min.	Gesamt-Laufzeit für das Schneiden Min.	Gesamt-Laufzeit für die Rückläufe Min.	Gewinde sauber machen u. einpassen Min.	Gesamt-Zeit in Min.
30	75	4,7	2,23	0,17	13	10	5	0,5	5	4,6	3,4	5	34,5
30	150	4,7	2,23	0,17	13	10	5	0,5	7,5	9,2	6,8	7,5	47,5
30	225	4,7	2,23	0,17	13	10	5	0,5	10	13,8	10,3	10	60,6
40	100	5,6	2,66	0,18	15	11	5	0,6	6	7,8	5,8	7	47,2
40	200	5,6	2,66	0,18	15	11	5	0,6	9	15,6	11,6	10	66,8
40	300	5,6	2,66	0,18	15	11	5	0,6	12	23,4	17,5	14	87,5
50	125	6,5	3,19	0,2	16	12	5	0,7	7	11,2	8,4	8	59,2
50	250	6,5	3,19	0,2	16	12	5	0,7	10	22,4	16,8	12	85,8
50	375	6,5	3,19	0,2	16	12	5	0,7	14	33,6	25,2	16	113,4
60	150	7,4	3,51	0,21	17	13	5	0,8	8	15,3	11,5	9	72,8
60	300	7,4	3,51	0,21	17	13	5	0,8	12	30,6	23	13	107,6
60	450	7,4	3,51	0,21	17	13	5	0,8	16	45,9	34,5	18	143,4
70	175	8,3	3,94	0,22	18	14	5	0,9	9	19,7	14,8	10	87,5
70	350	8,3	3,94	0,22	18	14	5	0,9	13	39,4	29,6	15	131
70	525	8,3	3,94	0,22	18	14	5	0,9	18	59,1	44	20	175
80	200	9,2	4,37	0,23	19	14	5	1	10	24	18	11	101
80	400	9,2	4,37	0,23	19	14	5	1	15	48	36	16	153
80	600	9,2	4,37	0,23	19	14	5	1	20	72	54	22	206
90	225	10,1	4,8	0,24	20	15	5	1	11	29,5	22	12	114,5
90	450	10,1	4,8	0,24	20	15	5	1	16	59	44	18	177
90	675	10,1	4,8	0,24	20	15	5	1	22	88,5	66	24	240,5
100	250	11	5,22	0,25	21	16	5	1	12	35	26	13	128
100	500	11	5,22	0,25	21	16	5	1	18	70	52	19	201
100	750	11	5,22	0,25	21	16	5	1	24	105	78	26	275

TABELLE 31

Zeitberechnung für das Schneiden von Spitzgewinde.

Aeusserer Gewinde Ø in Zoll	Gewindelänge mm	Steigung mm	Gewindetiefe mm	Spantiefe pro Schnitt mm	Schnittzahl beim vorschneiden	Schnittzahl beim fertigschneiden	Wechsel-Räder einstellen Min.	Zeit für Anstellen jed. Schnittes Min.	Stähle schleifen und einspannen	Gesamt-Laufzeit für das Schneiden	Gesamt-Laufzeit für die Rückläufe	Gewinde sauber machen u. einpassen Min.	Gesamt-Zeit in Min.
1 "	45	3,18	2,05	0,2	10	4	5	0,5	4	2,15	1,6	3	22,75
1	90	3,18	2,05	0,2	10	4	5	0,5	6	4,3	3,2	4,5	30
1	135	3,18	2,05	0,2	10	4	5	0,5	7,5	6,45	4,8	6	36,75
1½	65	4,23	2,7	0,22	12	6	5	0,6	4,5	4,4	3,3	4	32
1½	130	4,23	2.7	0,22	12	6	5	0,6	6,5	8,8	6,6	6	43,7
1½	195	4,23	2,7	0,22	12	6	5	0,6	8,5	13,2	9,9	8	55,4
2	85	5,65	3,6	0,24	15	7	5	0,7	5	7	5,2	5	42,6
2	170	5,65	3,6	0,24	15	7	5	0,7	7,5	14	10,5	7,5	59,9
2	255	5,65	3,6	0,24	15	7	5	0,7	10	21	15,8	10	77,2
2½	100	6,35	4,05	0,25	16	7	5	0,8	5,5	9,6	7,2	6	51,7
2½	200	6,35	4,05	0,25	16	7	5	0,8	8	19,2	14,4	9	74
2½	300	6,35	4,05	0,25	16	7	5	0,8	11	28,8	21,6	12	96,8
3	120	7,26	4,65	0,26	18	7	5	0,9	6	13	9,7	7	63,2
3	240	7,26	4,65	0,26	18	7	5	0,9	9	26	19,5	10	92
3	360	7,26	4,65	0,26	18	7	5	0,9	12	39	29,2	14	121,7
3½	140	7,82	5	0,28	18	8	5	1	6,5	17,2	12,9	8	75,6
3½	280	7.82	5	0,28	18	8	5	1	10	34,4	25,8	12	113,2
3½	420	7,82	5	0,28	18	8	5	1	13	51,6	38,7	16	150,3
4	150	8,45	5,5	0,29	19	9	5	1	7	21,3	16	9	86,3
4	300	8.45	5,5	0,29	19	9	5	1	10,5	42,6	32	12	130,1
4	450	8,45	5,5	0,29	19	9	5	1	14	63,9	48	18	176,9

Bank einrichten und Welle einspannen (Tab. 32, S. 80) 38 Min.

Vordrehen: Bund 2 Schnitte, Vorschub $s = 1$ mm
Breite roh 65 mm, $v = 15$ m/Min.

1. Schnitt $T = \frac{60 \cdot 65}{10 \cdot 60} \cdot 0{,}66 = 4{,}3$ . . . . . . ~ 4,5 „

2. Schnitt, $v = 19$ m/Min., Umrechn.-Faktor 0,53
$T = \frac{60 \cdot 65}{10 \cdot 60} \cdot 0{,}53 =$ . . . . 3,5 „

beide Schenkel, Länge zusammen 1400 mm, $s = 1$ mm

1. Schnitt $T = \frac{50 \cdot 1400}{10 \cdot 60} \cdot 0{,}66 =$ . . . . 77 „

2. Schnitt $T = \frac{50 \cdot 1400}{10 \cdot 60} \cdot 0{,}53 =$ . . . . 62 „

beide Bundseiten abflächen, je 2 Schnitte, $s = 0{,}75$ mm
die Flächenbreite = 30 mm, der mittlere Durchmesser
ist = 280 mm, $v = 13$ m/Min.

2 Schnitte an 2 Seiten $T = \frac{70{,}7 \cdot 30 \cdot 2 \cdot 2}{10 \cdot 60} \cdot 0{,}77 =$ 11 „

beide Stirnseiten (Enden) abflächen, je 2 Schnitte, $s = 0{,}5$ mm;
die Flächenbreite ist = 125 mm, der mittlere Durchmesser = 125 mm; $v = 13$ m/Min.

2 Schnitte an 2 Seiten $T = \frac{\text{ca.}\,47 \cdot 125 \cdot 2 \cdot 2}{10 \cdot 60} \cdot 0{,}77 =$ 30 „

Schlichten: Bund äußeren Durchmesser, 1 Schnitt, $s = 0{,}5$ mm., $v = 17$ m/Min.

$T = \frac{117 \cdot 50}{10 \cdot 60}\ 0{,}59 = 5{,}8$ . . . . ~ 6 „

Bund beide Seiten, je 1 Schnitt, $s = 0{,}5$ mm:
$v = 14{,}5$ m/Min.

$T = \frac{106 \cdot 30 \cdot 2}{10 \cdot 60} \cdot 0{,}68 = 7{,}2$ . . . . ~ 7,5 „

beide Schenkel je 1 Schnitt, $s = 0{,}5$ mm; $v = 17$ m/Min.

$T = \frac{95 \cdot 1400}{10 \cdot 60}\ 0{,}59 =$ . . . . 131 „

beide Stirnseiten schlichten, je 1 Schnitt,
$s = 0{,}5$ mm; $v = 14{,}5$ m/Min.

$T = \frac{47 \cdot 125 \cdot 2}{10 \cdot 60}\ 0{,}68 =$ . . . . ~ 14 „

beide Ecken am Bund einstechen . . . , . . 20 „

Welle ca. 5 × umspannen; nach Tab. 32, S. 80, je
20% von 38 Min. = 7,5 × 5 = ... ~ 38 „

Stähle herrichten, schleifen, ein- u. ausspannen,
beim Vordrehen 12 × Schnitt anstellen u. messen
„ Schlichten 7 × „ „ „ „ } 40 „

Welle sauber machen . . . . 75 „

„ ausspannen . . . . 4 „

561 Min.

b) Laufzeitberechnung nach der Formel:

$$\text{Zeit in Min. } T = \frac{\text{Drehlänge} \times \text{Schnittzahl}}{\text{Umdrehungszahl} \times \text{Vorschub}}$$

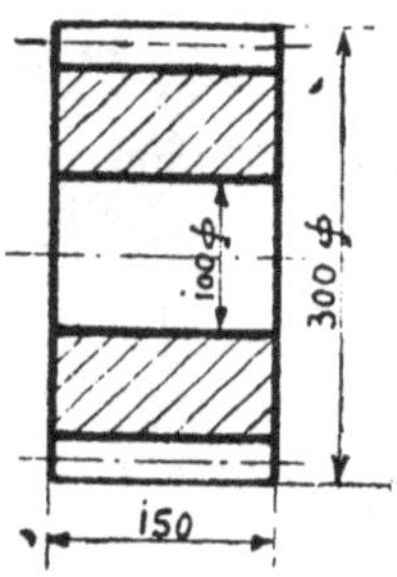

Fig. 37.

Aufgabe: Ein Ritzel nach Fig. 37 aus SM-Stahl allseitig drehen und ausbohren; die Umdrehungszahlen sind der Tabelle 23 zu entnehmen. Die Bohrung sei auf 90 mm vorgebohrt.

Bank einrichten, Ritzel einspannen und ausrichten . . . . . 30 Min.

1) 1. Seite abflächen; 1 Schnitt vorschruppen; mittlerer Durchmess. = 200 mm; Flächenbreite = 100 mm; $v = 11$ m/Min.; $n = 17{,}5$; $s = 0{,}8$ mm

$T = \frac{100 \cdot 1}{17{,}5 \cdot 0{,}8} = 7$. 7 „

1 Schnitt schlichten; $v = 13$ m/Min.; $n = 21$; $s = 0{,}8$ mm

$T = \frac{100 \cdot 1}{21 \cdot 0{,}8} = 6$ . . . . 6 „

2) äußeren Durchm. überdrehen; vorschruppen 2 Schnitte; $v = 13$ m/Min.; $n = \sim 14$; $s = 0{,}8$ mm

$T = \frac{150 \cdot 2}{14 \cdot 0{,}8} = 27$ . . . . 27 „

schlichten 1 Schnitt; $v = 15$ m/Min.; $n = 16$; $s = 0{,}8$ mm

$T = \frac{150 \cdot 1}{16 \cdot 0{,}8} = 11{,}7$ . . . . $\sim$ 12 „

3) Bohrung ausdrehen; 5 Schnitte; $v = 13$ m/Min.; $n = 41$; $s = 0{,}5$ mm

$T = \frac{150 \cdot 5}{41 \cdot 0{,}5} = \sim 37$ . . . . 37 „

4) Ritzel umspannen und ausrichten . . . . 18 „
5) 2. Seite abflächen wie unter 1) 7 + 6 = ... 13 „
6) Bohrung passend machen, ausschaben etc. . . . . 15 „
7) Stähle schleifen und einspannen . . . . 10 „
8) ca. 10 mal Schnitt anstellen und messen . . . . 20 „
9) Ritzel ausspannen . . . . 5 „

200 Min.

c) Laufzeitberechnung nach der Formel:

$$\text{Zeit in Min. } T = \frac{\text{Durchmesser} \times 3{,}14 \times \text{Drehlänge in mm}}{60 \times \text{Schnittgeschw. in mm/Sek.} \times \text{Vorschub mm}}$$

$$= \frac{d \cdot \pi \cdot l}{60 \cdot v_1 \cdot s}$$

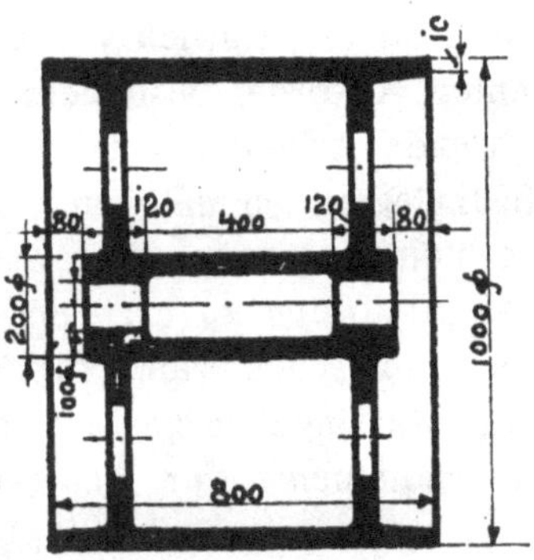

Fig. 38.

Aufgabe: Eine gußeiserne Riemenscheibe, Fig. 38, drehen und ausbohren.

1. Außen überdrehen. 1. Schnitt $v_1 = 166$ mm/Sek., $s = 1$ mm

$$T = \frac{1000 \cdot \pi \cdot 800}{60 \cdot 166 \cdot 1} = 252 \quad \ldots\ldots\ldots \quad 252 \text{ Min.}$$

2. Schnitt $v_1 = 217$ mm/Sek., $s = 1{,}5$ mm

$$T = \frac{1000 \cdot \pi \cdot 800}{60 \cdot 217 \cdot 1{,}5} = 129 \quad \ldots\ldots\ldots \quad 129 \;\text{„}$$

2. beide Seiten abflächen, je 2 Schnitte; $v_1 = 166$ mm/Sek.,

$$T = \frac{1000 \cdot \pi \cdot 10 \cdot 2 \cdot 2}{60 \cdot 166 \cdot 0{,}5} = 25 \quad \ldots\ldots\ldots \quad 25 \;\text{„}$$

3. beide Naben abflächen, je 2 Schnitte; mittl. Durchm. $= 150$ mm, $s = 0{,}5$

$$T = \frac{150 \cdot \pi \cdot 50 \cdot 2 \cdot 2}{60 \cdot 166 \cdot 0{,}5} = 19 \quad \ldots\ldots\ldots \quad 19 \text{ Min.}$$

4. Bohrung 4 Schnitte; $s = 0{,}5$ mm
beim 1. und 2. Schnitt $v_1 = 166$ mm/Sek.
beim 3. und 4. „ $v_1 = 200$ „

1. und 2. Schnitt $T = \frac{100 \cdot \pi \cdot 2 \cdot 120 \cdot 2}{60 \cdot 166 \cdot 0{,}5} = 30$ . . . 30 „

3. und 4. Schnitt $T = \frac{100 \cdot \pi \cdot 2 \cdot 120 \cdot 2}{60 \cdot 200 \cdot 0{,}5} = 25$ . . . 25 „

Bohrung passend machen, ausschaben etc. . . . . . 25 „
Stähle schleifen und einspannen . . . . 15 „
Schnitte anstellen und messen . . . . 20 „
Riemenscheibe einspannen und ausrichten*) (Tab. 34, S. 82) . . . . 65 „
Riemenscheibe umspannen . . . . 35 „
„ abspannen . . . . 15 „

655 Min.

---

*) Tabelle 34 gibt für einen Ring von ca. 1000 mm äußerem, 650 mm innerem Durchmesser und 800 mm Breite eine Zeit = 105 Min. für das erstmalige Aufspannen und Einrichten der Maschine an; ein solcher Ring wiegt lt. Tabelle ca. 3200 kg. Da die Riemenscheibe aber nur ca. 600 kg wiegt, ist in diesem Fall die Aufspannzeit bedeutend zu reduzieren (65 Min.).

Für jede Werkstatt ist es natürlich von großem Wert, die einmal als richtig erkannten Akkorde, besonders für stets in gleicher Ausführung wiederkehrende Arbeiten, entweder in Zahlen- oder in graphischen Tafeln festzulegen; einmal, um eine schnellere Erledigung der Akkordberechnungen, dann aber auch, um eine größere Gleichmäßigkeit in den Akkorden zu erzielen.

In der folgenden graphischen Tafel, Fig. 39, sind die Bearbeitungszeiten für normale Stellringe dargestellt; als Grundlage ist die Bohrung derselben angenommen. Für die 3 Größen 30, 100 und

Graphische Tafel für die Bearbeitung normaler Stellringe.

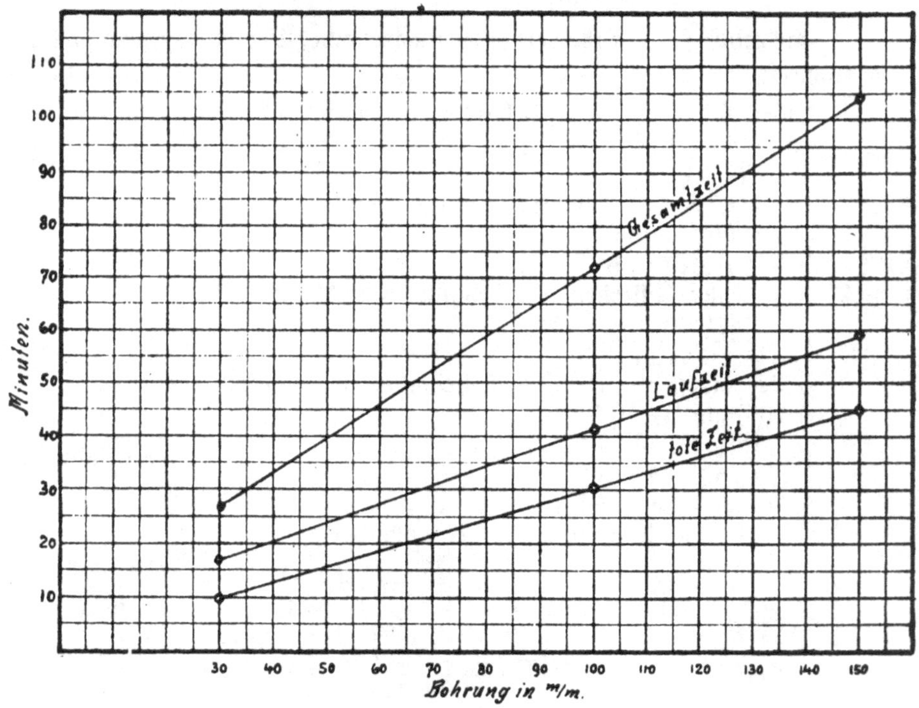

Fig. 39.

150 mm Bohrung werden in der Werkstatt die Bearbeitungszeiten nach der Uhr festgelegt, und zwar gibt die untere Linie die toten Zeiten, die mittlere Linie die reine Laufzeit und die obere Linie die Gesamt-Bearbeitungszeit an.

Durch die Verbindung von je 3 nach der Uhr festgelegten Punkten durch eine gerade Linie ist es möglich, alle Zwischenwerte, z. B. für Stellringe von 70, 80, 110 mm Bohrung u. s. f. mit Leichtigkeit abzulesen.

Aufstellung sämtlicher für die Dreherei in Betracht kommenden Formeln:

Es sei: D = Drehdurchmesser in m
d = „ „ mm
v = Schnittgeschw. in m/Min.
v_1 = „ „ mm/Sek.
S = Vorschub pro Umdrehung in m
s = „ „ „ „ mm
L = Drehlänge in m
l = „ „ mm
n = minutliche Umdrehungszahl.

Dann ist $v = D \cdot \pi \cdot n$

$$v_1 = \frac{d \cdot \pi \cdot n}{60}$$

$$n = \frac{v}{D \cdot \pi} \quad \text{oder } n = \frac{60 \cdot v_1}{d \cdot \pi}$$

Beim Langdrehen ist die Laufzeit für χ Schnitte über die ganze Länge in Min.

$$T = \chi \frac{D \cdot \pi \cdot L}{v \cdot S} \text{ oder } T = \chi \frac{d \cdot \pi \cdot l}{60 \cdot v_1 \cdot s}$$

Ist die Umdrehungszahl n bekannt, dann ist

$$T = \chi \frac{l}{n \cdot s}$$

Beim Plandrehen voller Flächen ist die Laufzeit für χ Schnitte über die ganze Fläche in Min.

$$T = \chi \frac{d^2 \cdot \pi}{4 \cdot 60 \cdot v_1 \cdot s} \text{ oder } T = \chi \frac{r^2 \cdot \pi}{60 \cdot v_1 \cdot s}$$

Beim Plandrehen von Ringflächen ist die Laufzeit für χ Schnitte über die Flächenbreite b in Min.

$$T = \chi \frac{\text{mittl. Durchm.} \cdot \pi \cdot b,}{60 \cdot v_1 \cdot s}$$ oder auf die Umdrehungszahl bezogen,

$$T = \chi \frac{b}{n \cdot s}.$$

Anschließend hieran folgen noch einige Tabellen über Aufspannzeiten an Drehbänken. Bei Benutzung derselben ist jedoch darauf zu achten, ob das tatsächliche Gewicht des Arbeitsstückes von dem in den Tabellen angegebenen nicht allzusehr abweicht, in welchem Fall die Aufspannzeiten sich entsprechend ändern.

Auch an dieser Stelle sei nochmals darauf hingewiesen, daß die Werte sämtlicher Tabellen für Aufspannzeiten nur für das erstmalige Aufspannen und Ausrichten eines einzelnen Arbeitsstückes gelten, einschließlich Einrichten der betreffenden Maschine. Für das Umspannen sowie für die Anfertigung in größerer Zahl enthält jede Tabelle am Fuß genaue Hinweise.

TABELLE 32.

Zeiten für das Einspannen und Ausrichten voller Wellen auf Drehbänken (ohne Zentrieren).

Durchmesser ca. mm		Länge in Millimeter ca.											
		200	400	600	800	1000	1500	2000	3000	4000	6000	8000	
25,	Min.	5	5	5	7	9	11	13	18	24	30	40	
	kg.	0,76	1,52	2,5	3	3,8	5,7	7,6	11,4	15,2	23	30,5	ohne Kran
50	Min.	5	5	6	7	9	12	13	18	28	36	45	mit Kran
	kg.	3,06	6,1	9,2	12,2	15,3	23	30,5	46	61	92	122	
75	Min.	5	5	7	8	10	12	20	25	30	40	50	
	kg.	6,9	13,8	20,6	27,5	34,4	52	69	104	138	206	275	
100	Min.	5	6	8	9	18	22	26	30	35	45	55	
	kg.	12,3	24,5	36,8	49	61,2	92	123	184	245	368	490	
150	Min.	6	9	18	20	24	28	32	38	45	55	65	
	kg.	27,6	55	83	110	138	207	276	415	550	830	1100	
200	Min.		21	24	26	29	33	39	47	56	70	85	
	kg.		98	146	196	245	366	490	730	980	1460	1960	
300	Min.		28	31	33	36	43	51	61	71	92	110	
	kg.		220	330	440	550	825	1100	1650	2200	3300	4400	
400	Min.			40	42	45	53	63	76	90	115	140	
	kg.			588	780	978	1430	1960	2940	3900	5880	7800	
500	Min.			50	54	58	66	74	90	105	135	165	
	kg-			920	1220	1530	2300	3060	4600	6200	9200	12200	
600	Min.				64	68	76	84	102	120	156	190	
	kg.				1760	2200	3300	4400	6600	8800	13200	17600	

Von obigen Werten sind einzusetzen:
Bei Anfertigung von 2— 4 Wellen 70 %
" " " 5—10 " 60 %
" " " 11 u. mehr " 50 %

Für jedes Umspannen sind einzusetzen:

Bei Einzelausführung ohne Kranhilfe 15 % des Tabellenwertes
" Mehrfachausführung " " 10 % " "
" Einzelausführung mit " 20 % " "
" Mehrfachausführung " " 15 % " "

TABELLE 33.

Zeiten für das Einspannen und Ausrichten von Buchsen ($d < l$) *)
auf der Drehbank.

Die Gewichtsangaben verstehen sich für Wandstärken von ca. 1/10 des äußeren Durchmessers einschließlich starker Bearbeitungszugabe.

Durchmesser ca. mm	1teilig / 2teilig		Länge in Millimeter ca.										
			100	200	300	400	500	600	800	1000	1500	2000	2500
50	1/1	Min.	7,5	7,5	9								
50	2/2	"	10	10	13								
		kg.	1,1	2,3	3,4								
75	1/1	Min.	8	8	10	11	13						
75	2/2	"	11	11	14	15	18						
		kg.	2,5	5	7,6	10	12,7						
100	1/1	Min.		9	10	12	15	17					
100	2/2	"		13	14	16	20	23					
		kg.		9	13,5	18	22,5	27			ohne	Kran	
150	1/1	Min.		11	13	16	20	22	32	40	mit	Kran	
150	2/2	"		15	18	22	28	31	44	56			
		kg.		17	25	34	42	50	68	84			
200	1/1	Min.			18	21	35	37	41	46			
200	2/2	"			25	30	49	52	56	65			
		kg.			42	56	70	84	112	140			
300	1/1	Min.				38	46	48	52	56	65		
300	2/2	"				53	65	67	73	78	91		
		kg.				112	140	168	225	280	420		
400	1/1	Min.					53	60	64	70	80	94	106
400	2/2	"					74	84	90	98	112	132	148
		kg.					235	283	376	470	710	940	1180
500	1/1	Min.						80	84	90	100	110	121
500	2/2	"						112	118	126	140	154	170
		kg.						425	565	705	1060	1420	1760
600	1/1	Min.							103	110	120	130	140
600	2/2	"							144	154	168	182	196
		kg.							800	1000	1500	2000	2500

Von obigen Werten sind einzusetzen:
Bei Anfertigung von 2—4 Buchsen 70 %
„ „ „ 5—10 „ 60 %
„ „ „ 11 u. mehr „ 50 %

Für jedes Umspannen sind einzusetzen:
Bei Einzelausführung ohne Kranhilfe 50 % des Tabellenwertes
„ Mehrfachausführung „ „ 40 % „ „
Einzelausführung mit „ 60 % „ „
Mehrfachausführung „ „ 50 % „ „

*) $<$ = kleiner als
$>$ = größer als
$\leqq$ = gleich oder kleiner als
$\geqq$ = gleich oder größer als

TABELLE 34.

Zeiten für das Einspannen und Ausrichten von Ringen, deren Breite $> \frac{d}{5}$ und $\leq d$, auf der Drehbank.

In den Gewichtsangaben ist eine starke Bearbeitungszugabe eingeschlossen.

Aeusserer Ø ca. mm	Bohrung Ø ca. mm	1 teilig 2 teilig		Breite in Millimeter ca. 25	50	100	150	200	300	400	600	800	1000
100	65	1/1	Min.	9	9	9							
100	65	2/2	"	13	13	13							
			kg.	1,6	3,2	6,4							
200	130	1/1	Min.		13	14	15	16					
200	130	2/2	"		18	20	21	23					
			kg.		10	19	28	37			ohne	Kran	
300	195	1/1	Min.			18	30	32	36		mit	Kran	
300	195	2/2	"			25	42	45	50				
			kg.			44	67	86	130				
400	260	1/1	Min.			32	36	40	44	47			
400	260	2/2	"			45	50	56	62	66			
			kg.			73	110	140	210	280			
600	390	1/1	Min.				41	50	60	70	85		
600	390	2/2	"				57	70	84	98	119		
			kg.				245	320	470	620	930		
800	525	1/1	Min.					55	65	75	90	100	
800	525	2/2	"					77	91	105	126	140	
			kg.					550	830	1080	1620	2150	
1000	650	1/1	Min						70	80	95	105	
1000	650	2/2	"						98	112	133	147	
			kg						1230	1600	2400	3200	
1500	1000	1/1	Min							105	120	130	140
1500	1000	2/2	"							147	168	182	196
			kg							3700	5500	7300	9200
2000	1300	1/1	Min								140	150	160
2000	1300	2/2	"								196	210	225
			kg								8800	11600	14400

Von obigen Werten sind einzusetzen:
Bei Anfertigung von 2— 4 Ringen 70 %
„ „ „ 5—10 „ 60 %
„ „ „ 11 u. mehr „ 50 %

Für jedes Umspannen sind einzusetzen:
Bei Einzelausführung ohne Kranhilfe 50 % des Tabellenwertes
„ Mehrfachausführung „ „ 40 % „ „
„ Einzelausführung mit „ 60 % „ „
„ Mehrfachausführung „ „ 50 % „ „

TABELLE 35.

Zeiten für das Einspannen und Ausrichten von Scheiben und Ringen, deren Breite $\leqq \frac{d}{5}$ und deren Bohrung $\leqq \frac{d}{4}$, auf der Drehbank.

In den Gewichtsangaben ist eine starke Bearbeitungszugabe eingeschlossen.

Aeusserer Ø mm ca.	Bohrung Ø mm ca.	1 teilig / 2 teilig		Breite in Millimeter. ca. 15	25	50	75	100	150	200	300	400
100	25	1/1	Min.	9								
100	25	2/2	"	13								
			kg	1,4								
200	50	1/1	Min.	13	13							
200	50	2/2	"	18	18							
			kg.	5,3	8							
300	75	1/1	Min.	16	16	16						
300	75	2/2	"	23	23	23						
			kg.	13	18	38				ohne	Kran	
										mit	Kran	
400	100	1/1	Min.	20	20	28	30					
400	100	2/2	"	28	28	39	42					
			kg.	21	32	64	95					
600	150	1/1	Min.	24	30	32	35	35				
600	150	2/2	"	34	42	45	49	49				
			kg.	47	70	140	210	270				
800	200	1/1	Min.		37	38	40	42	45			
800	200	2/2	"		52	53	56	59	63			
			kg.		120	240	360	460	660			
1000	250	1/1	Min.		45	45	47	50	55	60		
1000	250	2/2	"		63	63	66	70	77	84		
			kg.		220	380	565	750	1040	1380		
1500	375	1/1	Min.			65	68	72	77	83	95	
1500	375	2/2	"			91	95	100	108	116	133	
			kg.			840	1250	1600	2300	3100	4500	
2000	500	1/1	Min.			85	88	92	197	103	115	125
2000	500	2/2	"			119	123	128	136	144	160	175
			kg			1460	2200	2800	4000	5400	7800	11200

Von obigen Werten sind einzusetzen:
Bei Anfertigung von 2— 4 Stück 70 %
„ „ „ 5—10 „ 60 %
„ „ „ 11 u. mehr „ 60 %

Für jedes Umspannen sind einzusetzen:
Bei Einzelausführung ohne Kranhilfe 50 % des Tabellenwertes
„ Mehrfachausführung „ „ 40 % „ „
„ Einzelausführung mit „ 60 % „ „
„ Mehrfachausführung „ „ 50 % „ „

V. Arbeiten auf Revolverbänken.

Die Herstellung gleichartiger Drehkörper in größeren Serien geschieht vorteilhaft auf der Revolverdrehbank. Infolge der großen Zahl verschiedener Arten und Konstruktionen von Revolverbänken ist es schwer, für jeden einzelnen Fall absolut genaue Werte anzugeben. Die in den folgenden Tabellen gegebenen Werte können nur Durchschnittswerte darstellen; sie beziehen sich auf Revolverbänke mit wagerecht, senkrecht oder auch schräg gelagertem Revolverkopf, gelten für Stangen- und Futterarbeiten und sind so ausreichend bemessen, daß die ihnen entsprechenden Leistungen in gut eingerichteten Betrieben vielfach erheblich überschritten werden können.

Es ist natürlich zu vermeiden, Gegenstände in so kleiner Anzahl auf der Revolverbank herzustellen, daß die Ersparnis an Bearbeitungszeit aufgehoben wird durch die — besonders bei Gegenständen mit komplizierter Form — oftmals recht erhebliche Einrichtungszeit; in solchen Fällen ist es ratsamer, die betreffenden Gegenstände auf der Drehbank anzufertigen.

Bei gleichzeitigem Eingriff mehrerer Werkzeuge ist nur die Laufzeit für die Operation zu berechnen, die den größten Zeitaufwand erfordert, während die innerhalb dieser Zeit mit erledigten Operationen aus der Berechnung ausscheiden.

Zuverlässiger, als die Zeitberechnung kleiner Revolver-Arbeiten, ist die Zeitaufnahme mittels einer guten Stoppuhr.

Ferner sei noch darauf hingewiesen, daß in manchen Fällen Stifte, Schrauben usw. vom kleinsten Durchmesser bis etwa 1 Zoll mit der gleichen (schnellsten) Umdrehungszahl der Maschine hergestellt werden. In solchen Fällen ist die Bearbeitungszeit nur von der Länge der Schrauben usw. abhängig, während der Unterschied im Durchmesser ohne Einfluß bleibt.

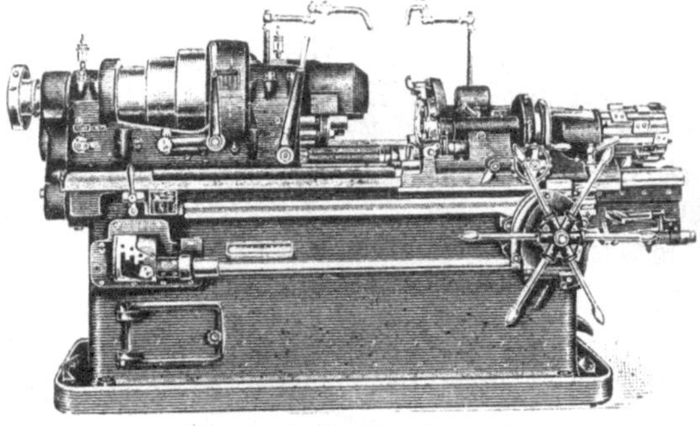

Fig. 40. Pittler-Revolverbank.

TABELLE 36

Durchschnittswerte für das betriebsfertige Einrichten von Revolverbänken.

Auswechseln der Spannpatrone	10—12	Min.
je 1 Stahl im vorderen oder hinteren Quersupport einstellen	8—10	„
je 1 „ „ Revolversupport „	10—15	„ *
1 Schneideisen oder Gewindebohrer „	8—12	„ *
1 Spiral- oder Spitzbohrer „	5—7	„
1 zylindrische Reibahle „	4—7	„
1 konische Reibahle „	8—12	„

TABELLE 37.

	Festigkeit in kg m/m²	Durchschn.-Schnittgeschw. v in m Min. beim			
		Schruppen	Schlichten	Fassondrehen	Gewindeschneiden
Chrom-Nickelstahl	80	9	10	6	2,5
do.	70	11	12	7	3
Nickelstahl und Stahlguß	60	13	15	8	3,5
do.	50	14	16	9	3,5
Gußeisen und harte Bronce		15	18	10	4
SM-Stahl		20	23	13	5
Schmiede-Eisen u. Aluminium		24	28	16	6
weiche Bronce		30	35	20	7,5
Rotguß und Messing		35	40	24	9

TABELLE 39.

Werte für das Umschalten der Werkzeuge.

Mit Bezug auf obige Maschinengrößen (Materialdurchlaß) ist ferner einzusetzen:

Materialdurchlaß bis	20 m/m ca. Sek.	40 m/m ca. Sek.	60 m/m ca. Sek.	80 m/m ca. Sek.
**Material vorschieben f. d. nächste Arbeitsstück mittels d. Vorschubzange	5—8	9—12	13—17	18—25
für d. jedesmalige Umschalten des Revolverkopfes zur nächsten Operation einschließlich Schnitt anstellen	15	20	25	30
für das Anstellen und Zurückziehen des vorderen oder hinteren Stahles im Quersupport				
a) mittels Handhebel	5	6	8	10
b) „ Handkurbel	8	9	12	15

*) Die geringen Zeiten gelten für Revolverbänke, an denen jedes einzelne Werkzeug einen besonderen Anschlag hat.

**) gilt nur für Stangenarbeit.

TABELLE 38.

Durchschnittswerte f. d. Vorschub p. Umdr. beim Lang- und Plandrehen sowie beim Abstechen.

Revolverbänke, deren Materialdurchlaß =		bis 20 m/m			bis 40 m/m			bis 60 m/m			bis 80 m/m		
	Festigkeit in kg m/m²	Schnittiefe t= bis 5 m/m	bis 1 m/m	abstechen	Schnittiefe t= bis 7 m/m	bis 1,5 m/m	abstechen	Schnittiefe t= bis 10 m/m	bis 2 m/m	abstechen	Schnittiefe t= bis 12 m/m	bis 2 m/m	abstechen
		Vorschub in m/m p. Umdrehung											
Chrom-Nickelstahl	80	0,1	0,2	0,03	0,12	0,24	0,04	0,16	0,32	0,05	0,2	0,4	0,06
do.	70	0,11	0,22	0,03	0,14	0,28	0,04	0,18	0,36	0,06	0,22	0,44	0,07
Nickelstahl und Stahlguß	60	0,12	0,24	0,04	0,15	0,3	0,05	0,19	0,38	0,06	0,24	0,48	0,08
do.	50	0,13	0,26	0,04	0,16	0,32	0,05	0,2	0,4	0,06	0,26	0,52	0,08
Gußeisen und harte Bronce		0,14	0,28	0,05	0,17	0,34	0,06	0,22	0,44	0,07	0,28	0,56	0,09
S M-Stahl		0,15	0,3	0,05	0,19	0,38	0,06	0,24	0,48	0,08	0,3	0,6	0,1
Schmiede-Eisen und Aluminium		0,16	0,32	0,055	0,2	0,4	0,07	0,25	0,5	0,08	0,32	0,64	0,1
weiche Bronce		0,18	0,36	0,06	0,22	0,44	0,07	0,28	0,56	0,09	0,36	0,72	0,12
Rotguß und Messing		0,2	0,4	0,06	0,25	0,5	0,08	0,32	0,64	0,1	0,4	0,8	0,13
Bei Futterarbeiten größter ⊖	ca.	100 m/m			125 m/m			150 m/m			200 m/m		

Die in der mittleren Spalte jeder der 4 Maschinengrößen angegebenen kräftigen Vorschübe (bei Materialdurchlaß von 20 m/m: Schnittiefe bis 1 m/m bezw. bei 80 m/m Durchlaß: Schnittiefe bis 2 m/m) kommen nur für Arbeiten von geringer Genauigkeit in Frage; z. B. beim Ueberdrehen von Stiftschrauben aus fast passendem, gezogenem Material.

Die Zeitberechnung für die Anfertigung schmiedeeiserner Schrauben aus Stangenmaterial nach Fig. 41 aus gezogenem Sechskant-Material von 27 m/m Schl.-W. (31 m/m über Eck) gestaltet sich folgendermaßen; in Frage kommt eine Maschine mit 40 m/m größtem Materialdurchlaß.

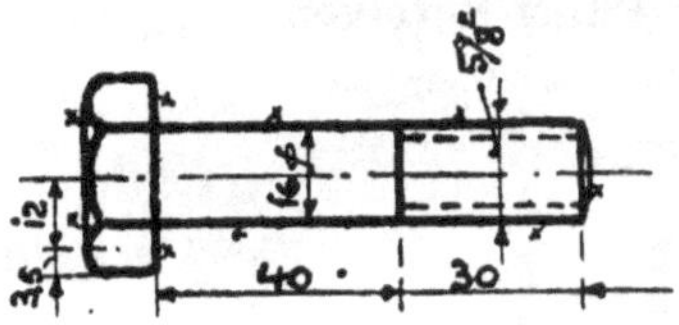

Fig. 41.

Einrichtungszeit:

Einstellen der Spann- und Vorschubpatrone	ca.	11 Min.
1 Fasenstahl im hinteren Quersupport einstellen . . .	„	9 „
1 Abstechstahl im vorderen Quersupport einstellen . .	„	9 „
1 Schruppstahl im Revolversupport einstellen	„	13 „
1 Schneideisen einstellen	„	10 „
		52 Min.

Drehzeit:

Material vorschieben mittels Zange . . . . 10 Sek.

Revolverkopf umschalten z. Drehen d. Schaftes und Schnitt anstellen . . . . 20 „

Schaft überdrehen, $n = \frac{24\ (\text{m/Min.})}{0{,}031 \cdot \pi} = 247$; $s = 0{,}2$ m/m

Laufzeit $T = \frac{70 \cdot 60}{247 \cdot 0{,}2} = \frac{4200}{49{,}4} =$ . . . . 85 „

Revolverkopf umschalten z. Gewindeschneiden . . . . . 20 „

Gewindeschneiden (Springbacken):

$$v = 6 \text{ m/Min.};\ n = \frac{6}{0{,}016 \cdot \pi} = 120$$

$s =$ Steigung $= 2{,}3$ m/m; $T = \frac{30 \cdot 60}{120 \cdot 2{,}3} = \frac{1800}{276} = \sim$ . . . . 7 „

Fase andrehen; $v = 16$ m/Min.; $n = \frac{16}{0{,}031 \cdot \pi} = 165$; $s = 0{,}07$ m/m

Breite d. Fase 5,5 m/m; $T = \frac{5{,}5 \cdot 60}{165 \cdot 0{,}07} = \frac{330}{11{,}5} =$ . . . . . 29 „

Abstechen; $v = 24$ m/Min.; $n = 247$; $s = 0{,}07$ m/m.

Laufzeit $T = \frac{15{,}5 \cdot 60}{247 \cdot 0{,}07} = \frac{930}{17{,}3} =$ . . . . 54 „

Fasenstahl anstellen und zurückziehen . . . . . 6 „

Abstechstahl anstellen und zurückziehen . . . . . 6 „

237 Sek.

$= \sim$ 4 Min.

Werkzeugeinstellungen bei Herstellung eines konischen Rades mit konischer Bohrung auf Pittler-Revolver.

Futterarbeit im Zweibackenfutter mit Umspannen.

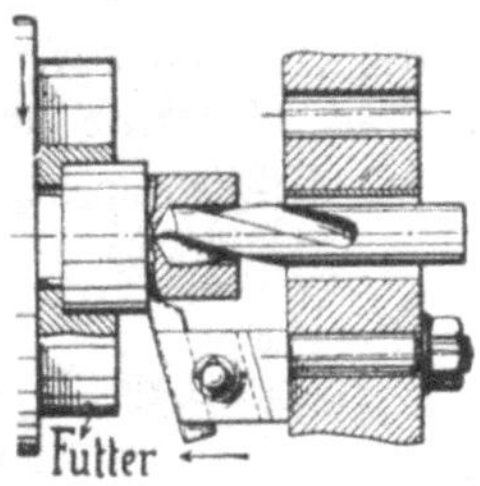

1. Operation: Einspannen.

2. Operation: Außen vordrehen und gleichzeitig mittels Spiralbohrers vorbohren.

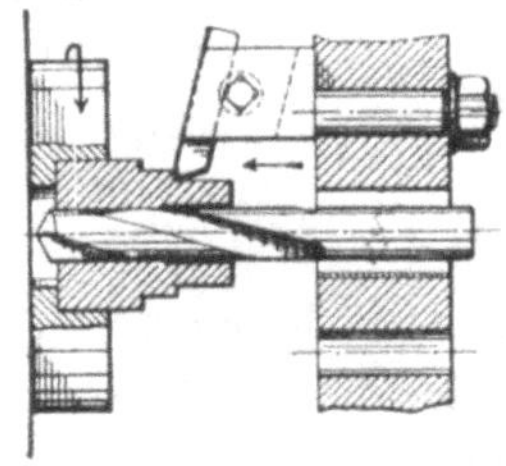

3. Operation: Ansatz andrehen und gleichzeitig mittels kleineren Spiralbohrers Loch durchbohren.

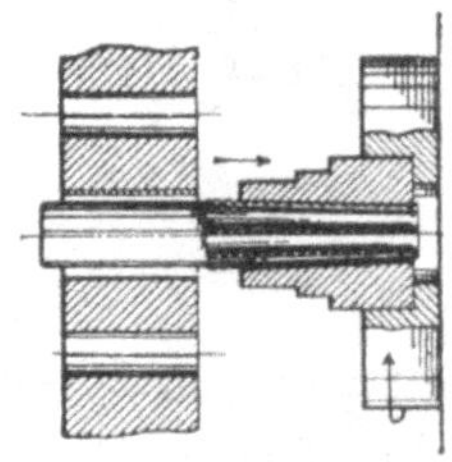

4. Operation: Mittels konischer Vorreibahle konisches Loch vorreiben.

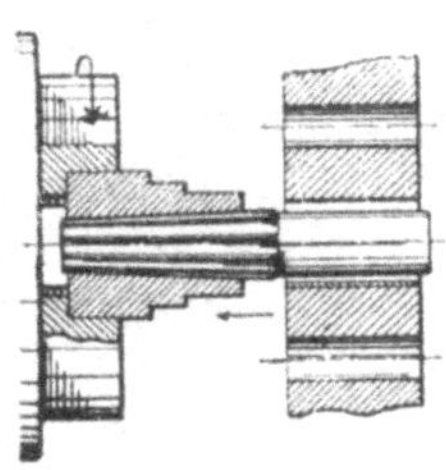

5. Operation: Mittels konischer Schlichtreibahle konisches Loch fertigreiben.

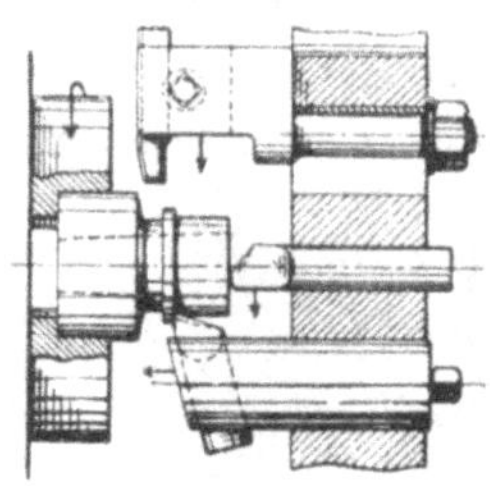

6. Operation: Außen Ansatz fertigdrehen und durch Linksdrehung des Kopfes Nute einstechen und vorn plandrehen.

7. Operation: Ausspannen.

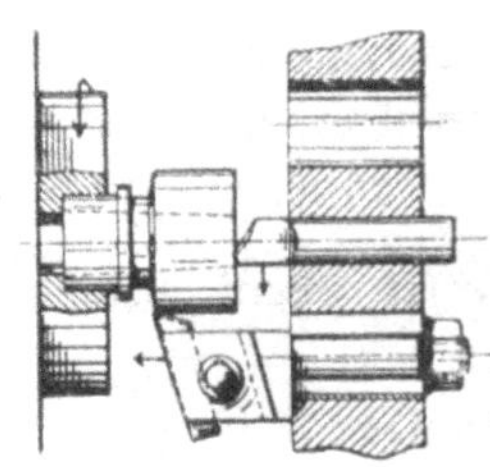

8. Operation: Umspannen

9. Operation: Größere Durchmesser außen vordrehen und durch Linksdrehung des Revolverkopfes Planfläche vordrehen

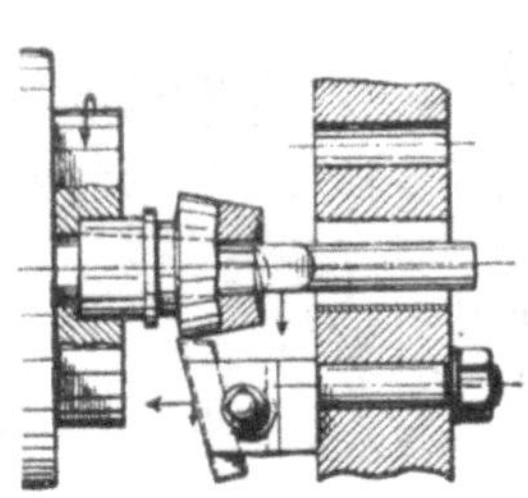

10. Operation: Mittels Kopiervorrichtung Außenkonus vordrehen und durch Linksdrehung des Kopfes Innenschräge ausdrehen.

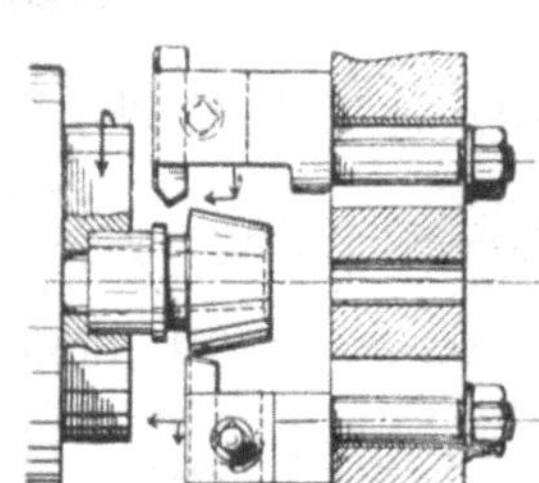

11. Operation: Mittels Kopiervorrichtung Außenkonus fertigdrehen, durch Linksdrehung des Kopfes hinteren Stahl vor den Bund bringen und durch Längsverschieben des Kopfes schwachen Bund überdrehen.

12. Operation: Ausspannen.

Auf Seite 88 ist die Art der Werkzeugeinstellung an den Pittler-Revolverbänken übersichtlich dargestellt; an Hand der Fig. 42 soll nun die Berechnung der Bearbeitungszeit solcher Räder aus Gußeisen gezeigt werden. Es ist dabei vorausgesetzt, daß das Material aus

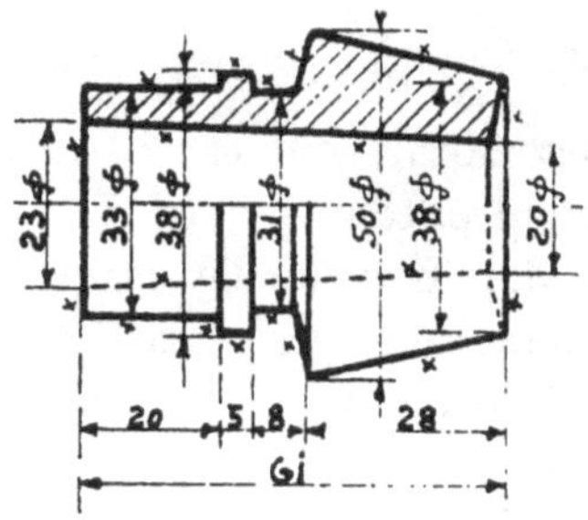

Fig. 42.

Abstichen besteht, die auf einen Durchmesser von ca. 53 mm vorgeschruppt sind, um ein sicheres Einspannen im Zweibackenfutter zu gewährleisten. Mit Rücksicht auf die erhebliche Spanabnahme sollen diese Räder auf einer Maschine mit 40 mm größtem Materialdurchlaß (Futterarbeit bis 125 mm Durchmesser) bearbeitet werden. Die Berechnung der Laufzeit geschieht nach der Formel:

$$\text{Laufzeit in Sek. } Ts = \frac{\text{Drehlänge in m/m} \times 60}{\text{minutl. Umdr.-Zahl} \times \text{Vorschub p. Umdr. in m/m.}}$$

Einrichtungszeit:

Aufbringen des Zweibackenfutters	5 Min.
Einstellen der Backen	5 „
Ausdrehen der Backen für Operation 1—7	10 „
5 Stähle im Revolversupport einstellen à 10 = ...	50 „
2 Spiralbohrer „ à 5 = ...	10 „
2 konische Reibahlen „ à 8 = ...	16 „
Auswechseln der Backen für Operation 8—11	5 „
Ausdrehen der Backen für Operation 8—11 auf genaues Maß	15 „
6 Stähle im Revolversupport einstellen à 10 = ...	60 „
	Sa. 176 Min.

Drehzeit in Sek.

1. Op. Einspannen . . . . 60 Sek.

2. Op. Revolverkopf schalten und Schnitt anstellen . . . 20 „

Schaft andrehen 33 m/m lang

$v = 15$ m/Min.; $n = \frac{15}{0{,}05 \cdot \pi} = 96$; $s = 0{,}17$ m/m.

Laufzeit in Sek. $Ts = \frac{33 \cdot 60}{96 \cdot 0{,}17} =$ . . . . 121 „

Das Bohren des Loches auf ca. 30 m/m Tiefe ist gleichzeitig hiermit erledigt.

3. Op. Hier erfordert das Bohren die längere Zeit; die noch zu bohrende Tiefe beträgt ca. 33 m/m.

Revolverkopf schalten und Schnitt anstellen . . . 20 „

Laufzeit $Ts = \frac{33 \cdot 60}{96 \cdot 0{,}17} =$ . . . . 121 „

Gleichzeitig hiermit erledigt ist das Andrehen des 2. Ansatzes.

4. Op. Revolverkopf schalten etc. . . . . 20 „

Konische Bohrung vorreiben ca. . . . . 90 „

5. Op. Revolverkopf schalten . . . . 20 „

Konische Bohrung fertig reiben ca. . . . . . . 120 „

6. Op. Revolverkopf schalten etc. . . . . 20 „

Ansatz schlichten:

$v = 18$ m/Min.; bei 33 m/m Durchm. ist $n = 174$; $s = 0{,}17$ m/m

Laufzeit $Ts = \frac{20 \cdot 60}{174 \cdot 0{,}17} =$ . . . . 41 „

Stirnseite abflächen; Schnittlänge $= \frac{33-23}{2} = 5$ m/m

Laufzeit $Ts = \frac{5 \cdot 60}{174 \cdot 0{,}17} =$ . . . . 10 „

Nut einstechen; Tiefe $= \frac{\text{Durchm. } 53-31}{2} = 11$ m/m

$v = 15$ m/Min.; bei 50 m/m Durchm. ist $n = 96$; s sei $= 0{,}06$ m/m.

Laufzeit $Ts = \frac{11 \cdot 60}{96 \cdot 0{,}06} =$ . . . . 115 „

7. Op. Ausspannen . . . . 15 „

8. Op. Umspannen (nach dem Auswechseln und Ausdrehen der Backen) . . . . 30 „

9\. Op. Revolverkopf schalten etc. . . . . 20 Sek.

Aeußeren Durchmesser vordrehen.

$v = 15$ m/Min.; $n = 96$; $s = 0{,}17$ m/m.

Laufzeit $Ts \; \frac{28 \cdot 60}{96 \cdot 0{,}17} =$ . . . . 103 „

Stirnfläche vordrehen; Schnittlänge $= \frac{50-20}{2} = 15$ m/m.

Laufzeit $Ts \; \frac{15 \cdot 60}{96 \cdot 0{,}17} =$ . . . . 55 „

10\. Op. Revolverkopf schalten etc. . . . . 20 „

Außenkonus vordrehen; $Ts = \frac{28 \cdot 60}{96 \cdot 0{,}17} =$ . . . 103 „

Innere Schräge drehen; $Ts = \frac{9{,}5 \cdot 60}{96 \cdot 0{,}17} =$ . . . 35 „

$\left(\text{Schnittbreite} = \frac{39-20}{2} = 9{,}5\right)$

11\. Op. Revolverkopf schalten etc. . . . . 20 „

Außenkonus schlichten.

$v = 18$ m/Min.; $n = 115$; $s = 0{,}34$ m/m.

Laufzeit $Ts = \frac{28 \cdot 60}{115 \cdot 0{,}34}$ . . . . 43 „

Bund schlichten; Laufzeit $Ts = \frac{5 \cdot 60}{115 \cdot 0{,}17}$ . . . 15 „

12\. Op. Ausspannen . . . . 15 „

1252 Sek.

$= \sim 21$ Min.

VI. Arbeiten an Horizontal-Bohrwerken.

Für die Bearbeitung auf Horizontalbohrwerken kommen hauptsächlich hohle Körper in Frage, die wegen großer Länge oder ungünstiger Form sich für Drehbänke nicht eignen; hierher gehören z. B. Rohre, Stutzen, Krümmer, Ventile, deren Flanschen zu bearbeiten sind, und Gehäuse, Zylinder, lange Buchsen, Lager usw., die zweckmäßig auf dem Bohrwerk ausgebohrt und an den Seiten bearbeitet werden.

TABELLE 40

Durchschnittswerte für Dreharbeiten auf Horizontal-Bohrwerken bei Verwendung von Schnelldrehstahl.

Maschinengrösse		vorschruppen			nachschruppen	schlichten
Kleine Bohrwerke Bohrung bis 250mm Ø	Schnittiefe mm	5	7,5	10	unter 5	0,2–0,4
	Vorschub mm	0,5	0,33	0,25	0,3.0,5	0,3–0,5
Mittlere Bohrwerke Bohrung bis 750mm Ø	Schnittiefe mm	5	10	15	unter 5	0,3–0,6
	Vorschub mm	1	0,5	0,33	0,5–0,8	0,4–0,7
Grosse Bohrwerke Bohrung über 750mm Ø	Schnittiefe mm	5	10	15	unter 5	0,4–0,8
	Vorschub mm	2	1	0,66	1 -1,5	0,6- 1

	Material	Schnittgeschwindigkeit in m/Min. vorschruppen	nachschruppen	schlichten
Lang drehen	Gussstahl gegl.	8	10	9
Lang drehen	Stahlguss	9	12	11
Lang drehen	Gusseisen	10	13	13
Lang drehen	S.M.Stahl	12	15	13
Lang drehen	Schm.Eis.u.Aluminium	13	17	15
Lang drehen	zähe u. harte Bronze	13	18	18
Lang drehen	weiche Bronze u. Rotguss	22	27	27
Plan drehen	Gussstahl gegl.	7	8,5	7,5
Plan drehen	Stahlguss	7,5	10	9,5
Plan drehen	Gusseisen	8,5	11	11
Plan drehen	S.M.Stahl	10	13	11
Plan drehen	Schm.Eis.u.Aluminium	11	14	13
Plan drehen	harte u. zähe Bronze	11	15	15
Plan drehen	weiche Bronze u.Rotguss	19	23	23

Die Angabe in den drei Spalten oben links „Bohrung bis 250 resp. 750 mm“ etc. bedeutet: größte auf der betr. Art von Bohrwerken herzustellende Bohrung.

Das Ausbohren geschieht auf kleinen und mittleren Bohrwerken in der Regel durch Bohrstange und Messer, wobei die Bohrstange in der Spindelwelle und dem Reitstock resp. Führungslager geführt wird. während der Vorschub in der Längsrichtung durch eine Spindel betätigt wird, die den Tisch mit dem Arbeitsstück vorschiebt.

Bei großen Bohrwerken dagegen wird das Arbeitsstück auf eine feststehende Grundplatte gespannt; der Vorschub in Längsrichtung erfolgt durch einen Bohrkopf, der auf der Bohrstange gleitet, und durch eine in der Bohrstange liegende Spindel in der Vorschubrichtung bewegt wird.

TABELLE 41.

Zeiten für das Aufspannen und Ausrichten kastenförmiger Körper mit gerader Auflagefläche auf Horizontal-Bohr- und Fräswerken.

Die Gewichtsangaben entsprechen ungefähr ⅓ des Gewichtes voller Körper von denselben Abmessungen.

Grundfläche ca. m/m	Art des Aufspannens		Höhe in Millimeter ca.								
			100	200	300	400	500	600	800	1000	1500
200 x 200	I	Min.	8	8	8	9					
oder 270 x 150	II	"	10	10	10	12					
oder 400 x 100	III	"	12	12	12	14					
		kg	11	21	31	42				ohne	Kran
300 x 300	I	Min.	8	8	17	19	22			mit	Kran
oder 400 x 225	II	"	10	10	20	23	27				
oder 600 x 150	III	"	12	12	22	25	31				
		kg	23	47	70	93	115				
400 x 400	I	Min.		14	18	21	24	26			
oder 550 x 300	II	"		18	22	26	30	32			
oder 800 x 200	III	"		22	27	31	36	38			
		kg		82	125	165	208	250			
500 x 500	I	Min.		17	20	23	26	29	34		
oder 675 x 375	II	"		21	25	29	33	36	42		
oder 1000 x 250	III	"		25	30	35	39	43	50		
		kg		130	195	260	325	390	520		
600 x 600	I	Min.		20	24	27	30	32	37		
oder 800 x 450	II	"		25	30	34	38	40	46		
oder 1200 x 300	III	"		30	36	41	45	48	55		
		kg		186	285	375	470	560	750		
800 x 800	I	Min.		27	30	35	39	42	46	51	58
oder 1100 x 600	II	"		34	38	44	49	52	58	64	72
oder 1600 x 400	III	"		41	45	53	59	63	69	77	87
		kg		330	500	660	830	1000	1300	1660	2500
1000 x 1000	I	Min.		34	38	42	46	49	53	59	64
oder 1350 x 750	II	"		42	47	52	58	61	67	72	80
oder 2000 x 500	III	"		50	56	63	69	72	81	86	96
		kg		520	780	1040	1300	1550	2050	2680	3900
1500 x 1500	I	Min.		43	48	53	58	60	66	72	80
oder 2000 x 1125	II	"		54	60	66	72	75	83	90	100
oder 3000 x 750	III	"		65	72	79	87	90	99	108	120
		kg		1160	1750	2300	2900	3500	4700	5800	8700

I = einfaches Ausrichten nach rohen Flächen.

II = auf bearbeitete Fläche stellen und nach Riß oder anderen bearbeiteten Flächen ausrichten.

III = auf rohe Fläche stellen und nach Riß oder anderen bearbeiteten Flächen ausrichten.

Von obigen Tabellenwerten sind einzusetzen:

Bei Anfertigung von 2— 4 Körpern 70 %
" " " 5—10 " 60 %
" " " 11 u. mehr " 50 %

Für jedes Umspannen sind einzusetzen:

Bei Einzelausführung ohne Kranhilfe 60 %
" Mehrfachausführung " " 50 %
" Einzelausführung mit " 70 %
" Mehrfachausführung " " 60 %

Der Vorschub in radialer Richtung zum Plandrehen von seitlichen Flächen, Flanschen usw. erfolgt bei allen Bohrwerken, abgesehen von Spezialmaschinen, durch einen sogenannten fliegenden Support.

TABELLE 42.

Zeiten für das Einspannen und Ausrichten von Buchsen ($d < l$) auf Horizontal-Bohrwerken.

In den Gewichtsangaben ist eine starke Bearbeitungszugabe eingeschlossen.

Aeuss. Ø ca. mm	Bohrung ca. mm	1teilig / 2teilig		Länge in Millimeter ca. 200	300	400	500	600	800	1000	1500	2000	2500	3000
100	80	1/1	Min.	9	9	10	10	10						
100	80	2/2	"	11	11	12	12	12						
			kg.	9	13	18	23	27				ohne Kran		
200	160	1/1	Min.		10	11	20	22	25	28		mit Kran		
200	160	2/2	"		12	13	25	27	30	34				
			kg.		42	56	70	84	112	140				
300	240	1/1	Min.			22	27	29	31	34	39			
300	240	2/2	"			27	32	35	37	41	47			
			kg.			112	140	168	225	280	420			
400	320	1/1	Min.				32	34	38	42	48	56	64	
400	320	2/2	"				38	41	46	50	58	67	77	
			kg.				235	283	375	470	710	940	1180	
500	400	1/1	Min.					40	44	48	55	63	71	78
500	400	2/2	"					48	53	58	66	76	85	94
			kg.					425	565	705	1060	1420	1760	2120
600	480	1/1	Min.						52	57	66	74	82	90
600	480	2/2	"						62	68	79	89	98	108
			kg.						800	1000	1500	2000	2500	3000
700	560	1/1	Min.						56	63	71	80	88	96
700	560	2/2	"						66	76	85	96	105	115
			kg.						950	1180	1770	2350	2950	3550
800	640	1/1	Min.						7	70	78	86	95	104
800	640	2/2	"							84	94	103	114	125
			kg.							1700	2550	3400	4250	5100
1000	800	1/1	Min.								94	102	111	120
1000	800	2/2	"								113	122	133	144
			kg.								3900	5200	6500	7800

Von obigen Werten sind einzusetzen:

Bei Anfertigung von 2— 4 Buchsen 70 %
„ „ „ 5—10 „ 60 %
„ „ „ 11 u. mehr „ 50 %

Für das Aufspannen von Buchsen in senkrechter Stellung (zum Bohren von Querlöchern etc.) sind die Tabellenwerte mit 60 % einzusetzen.

Die Tabelle 40, Seite 92, gibt in derselben Weise, wie bei den Drehbänken, zuverlässige Angaben über die bei verschiedenen Schnitttiefen zulässigen Vorschübe und Schnittgeschwindigkeiten, bezogen auf verschiedene Arten von Material und unter Berücksichtigung der Größe der Bohrwerke.

Auf den Bohrwerken ist die Schnittgeschwindigkeit geringer eingesetzt, weil im Gegensatz zur Drehbank, wo das Werkzeug eine absolut sichere und feste Auflage hat, das Arbeiten des Werkzeuges in der Bohrstange oder im fliegenden Support infolge mehr oder minder großer Federung ein weniger ruhiges ist; diese geringeren Werte, besonders für Schnittgeschwindigkeit, werden durch die tägliche Beobachtung bestätigt.

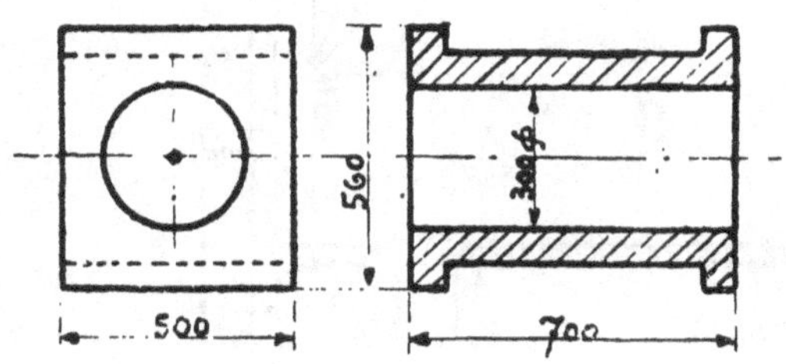

Fig. 43.

Aufgabe: Ein gußeisernes Schieblager nach Fig. 43 auf einem mittleren Horizontal-Bohrwerk drehen und ausbohren. Die Laufzeitberechnung geschieht nach der Formel S. 58 mit Hilfe der Tabellen 23 — 23a und 40.

Schieblager aufspannen und ausrichten nach Tab. 41, S. 93; 38 Min.

Bohrung ausdrehen mit 4 Schnitten:

1. Schnitt: $v = 10$ m/Min.; $n = 10{,}6$; $s = 0{,}7$

$T = \frac{700}{10{,}6 \cdot 0{,}7} = 94$ . . . . 94 „

2. und 3. Schnitt: $v = 13$ m/Min.; $s = 1{,}3$ mm; $n = 13{,}8$

$T = \frac{700 \cdot 2}{13{,}8 \cdot 1{,}3} = 78$ . . . . 78 „

Schlichtschnitt: $v = 13$ m/Min.; $n = 13{,}8$; $s = 0{,}5$ mm

$T = \frac{700}{13{,}8 \cdot 0{,}5} = 102$ . . . . 102 „

Linke Seite abflächen mit 2 Schnitten, mittl. Durchm. = 525 mm; Flächenbreite bis zu den Ecken = 225 mm;

1. Schnitt: $v = 8{,}5$ m/Min.; $n = 5{,}2$; $s = 0{,}8$ mm

$T = \frac{225}{5{,}2 \cdot 0{,}8} = 54$ . . . . 54 „

2. Schnitt: $v = 11$ m/Min.; $n = 6{,}7$; $s = 0{,}5$ mm

$T = \frac{225}{6{,}7 \cdot 0{,}5} = 67$ . . . . 67 „

Rechte Seite abflächen = linke Seite; 1. Schnitt: . . . . 54 „

2. Schnitt; . . . . 67 „

2 innere Kanten mit Façonmesser abrunden . . . 20 „

ca. 10 mal Schnitt anstellen und messen . . . . . 40 „

Stähle schleifen und einspannen . . . . 15 „

Schieblager abspannen . . . . 15 „

644 Min.

Aufgabe: 1 gußeisernes Kühlergehäuse nach Fig. 44 auf einem mittleren Horizontalbohrwerk drehen und ausbohren.

Die Laufzeitberechnung geschieht nach der Formel S. 58, mit Hilfe der Tabelle Nr. 23—23 a und Nr. 40.

Die Bearbeitungszugabe betrage allseitig ca. 7 mm.

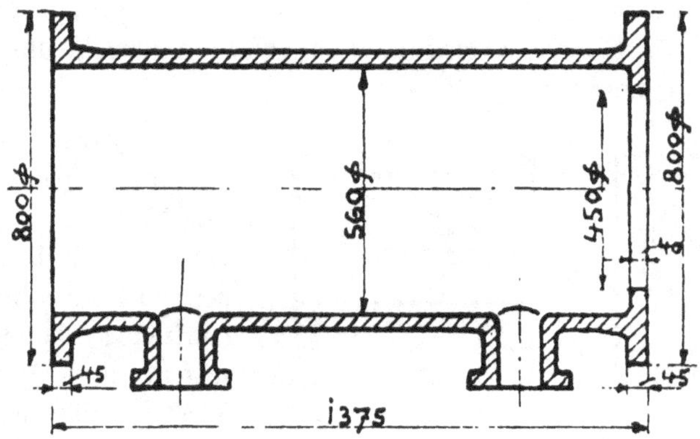

Fig. 44.

Gehäuse aufspannen und ausrichten nach Tab. 42 ca. 60 Min.

Beide Flanschen gleichzeitig abflächen mit 2 fliegenden Supporten; der mittl. Durchm. des rechten Flansches ist = 625 mm; die Flächenbreite = 175 mm;

1. Schnitt: $v = 8{,}5$ m/Min.; $s = 0{,}7$ mm; $n = 4{,}3$

$T = \frac{175}{4{,}3 \cdot 0{,}7} = 58$ . . . . 58 „

Schlichtschnitt: $v = 11$ m/Min.; $s = 0{,}7$ mm; $n = 5{,}6$

$T = \frac{175}{5{,}6 \cdot 0{,}7} = 45$ . . . . 45 „

Beide Flanschen gleichzeitig überdrehen

1. Schnitt; $v = 10$ m/Min.; $s = 0{,}7$ mm; $n = 4$

$T = \frac{45}{4 \cdot 0{,}7} = 16$ . . . . 16 „

Schlichtschnitt: $v = 13$ m/Min.; $s = 0{,}7$ mm; $n = 5{,}2$

$T = \frac{45}{5{,}2 \cdot 0{,}7} = 12{,}4$ . . . . ~ 13 „

Rand ausbohren 450 mm Durchm.; 3 Schnitte;

$v = 10$ m/Min.; $s = 0{,}7$ mm; $n = 7$

$T = \frac{40 \cdot 3}{7 \cdot 0{,}7} = 24{,}5$ . . . . ~ 25 „

ca. 11 mal Schnitt anstellen und messen . . . ca. 45 „

Stähle schleifen und einspannen . . . . ca. 15 „

Gehäuse abspannen . . . . 20 „

297 Min.

VII. Arbeiten an Rundschleifmaschinen.

Bei Anwendung von Rundschleifmaschinen ist es möglich, ganz erhebliche Ersparnisse bei der Herstellung von Dreharbeiten zu erzielen. Während z. B. in Betrieben ohne Rundschleifmaschinen sämtliche Wellen, Achsen, Spindeln, Kolbenstangen, Bolzen usw. auf der Drehbank geschruppt, geschlichtet und von Hand sauber gemacht werden müssen, wobei eine erhebliche Geschicklichkeit des Drehers

Abb. 45.

beim Kalibrieren und ein großer Zeitaufwand erforderlich sind, wird bei Verwendung von Rundschleifmaschinen nur das Vorschruppen auf der Drehbank erledigt; alle Schlichtarbeit, auch die von höchster Genauigkeit und Sauberkeit, geschieht auf der Rundschleifmaschine, und zwar in wesentlich kürzerer Zeit als auf der Drehbank.

Die Zeitdauer für das Schleifen eines Arbeitsstückes ist nun, ganz abgesehen von der Verschiedenartigkeit der Konstruktion der Schleifmaschinen, von mehreren Faktoren abhängig; z. B. Bearbeitungszugabe, Körnung und Härtegrad, sowie Art der Bindung der Schleifscheiben, (keramisch oder elastisch) ferner von der Art des Materials des Arbeitsstückes, ob Gußeisen, Maschinenstahl oder Bronze, ob gehärtet oder weich.

Aus diesen Gründen ist es schwer, eine allgemein gültige Tabelle für Schleifarbeiten aufzustellen, doch gibt die nächste Tabelle (Nr. 43) immerhin brauchbare Durchschnittswerte für das Schleifen ungehärteter Teile aus SM-Stahl. Es soll dabei zugegeben werden, daß auf erstklassigen Schleifmaschinen die Zeiten der Tabelle noch unterschritten werden, doch können aus naheliegenden Gründen den im Rahmen dieses Buches dargestellten Berechnungen nicht die allergünstigsten Betriebsverhältnisse zugrunde gelegt werden, die vielleicht nur in den modernsten und leistungsfähigsten Großbetrieben anzutreffen sind.

Auf den Rundschleifmaschinen steigt die Umfangsgeschwindigkeit des Arbeitsstückes mit dem Durchmesser desselben; daraus ergibt sich natürlich für größere Durchmesser eine relativ höhere Umdrehungszahl als für kleine Durchmesser.

Bei der Aufstellung der Tabelle ist angenommen, daß die Zahl der anzufertigenden Arbeitsstücke 3—6 Stück betrage; die Zeitangaben beziehen sich natürlich nur auf 1 Stück. Unter Einrichten ist

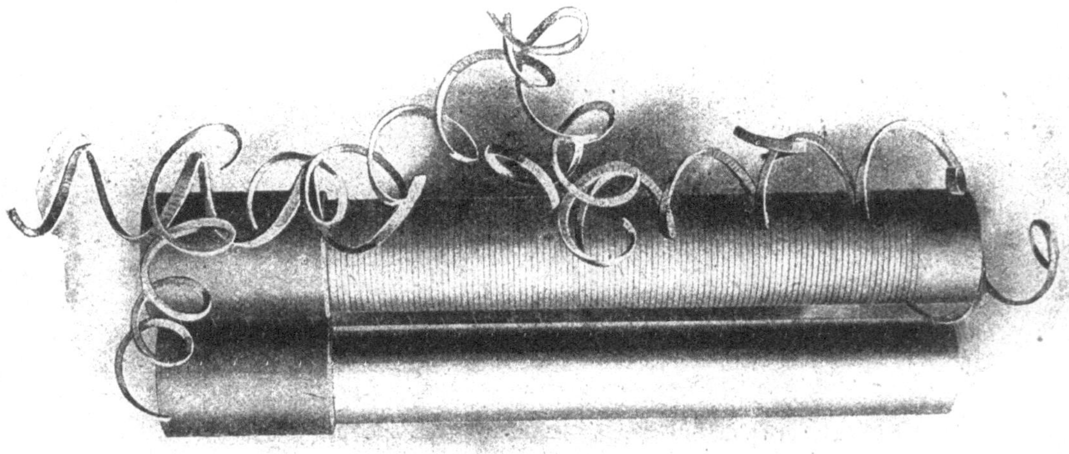

Oben: Vorgeschruppt. Unten: Geschliffen.
Abb. 46.

das Einstellen der Längsanschläge und die übrigen kleinen Hantierungen zu verstehen, während für das Umbauen und Neueinrichten bei e i n z e l n e n Arbeitsstücken ein Zuschlag von 5—20 Minuten gemacht werden kann.

Die Bearbeitungszugabe ist = 0,5 mm im Durchmesser, der Vorschub der Schleifscheibe in Längsrichtung ist = 15 mm pro Umdrehung des Arbeitsstückes angenommen; er kann jedoch bei groben Schleifarbeiten bis zu ¾ der Scheibenbreite gesteigert werden.

Es sei: die Schleiflänge in mm . . . . = l
die minutl. Umdrehung des Arbeitsstückes = n
der achsiale Vorschub p. Umdrehung . . . = 15 mm
die Bearbeitungszugabe im Durchmesser . = 0,5 mm
die Zustellung der Schleifscheibe bei jedem Schnitt, auf den Durchmesser bezogen = 0,03 mm

dann ist die Laufzeit in Min.

$$T = \frac{l \cdot 0,5}{n \; 15 \cdot 0,03}.$$

In der Praxis reicht nun gewöhnlich diese Zeit nicht ganz aus, weil der Schleifer, sobald er das Arbeitsstück bis auf eine Zugabe von 0,05 mm geschliffen hat, auf die letzten noch fehlenden Schnitte bedeutend mehr Sorgfalt verwenden muß, um das Fertigmaß nicht zu unterschreiten; infolgedessen ist die radiale Zustellung bei den letzten 0,05 mm verhältnismäßig geringer und die Zeitdauer etwas größer. Diesen Mehraufwand an Zeit drückt man am besten dadurch aus, daß man zu dem Resultat der eben aufgestellten Formel noch ⅕ hinzufügt, oder die Formel mit 1,2 multipliziert. Dann lautet die Formel

$$T = \frac{l \cdot 0{,}5 \cdot 1{,}2}{n \quad 15 \cdot 0{,}03}.$$

Rechnet man nun den Wert $\frac{0{,}5 \cdot 1{,}2}{15 \cdot 0{,}03}$ aus, so erhält man als Resultat 1,33.

Demnach kann die Formel nunmehr lauten:

$$T = \frac{l \cdot 1{,}33}{n}$$

Aufgaben nach Tabelle 43.

Fig. 47.

Aufgabe 1: An der in Fig. 47 dargestellten Welle soll die Stelle 50 mm Durchm. × 600 mm lang auf Maß geschliffen werden. Einspannen (50 Durchm. × 700 lang) und Einstellen der Längsanschläge . . . . 4,2 Min.

Laufzeit in Min. $T = \frac{600 \cdot 1{,}33}{64} = 12{,}5$ . . . . 12,5 „

Schnitte anstellen und messen . . . . 3 „

19,7 Min.

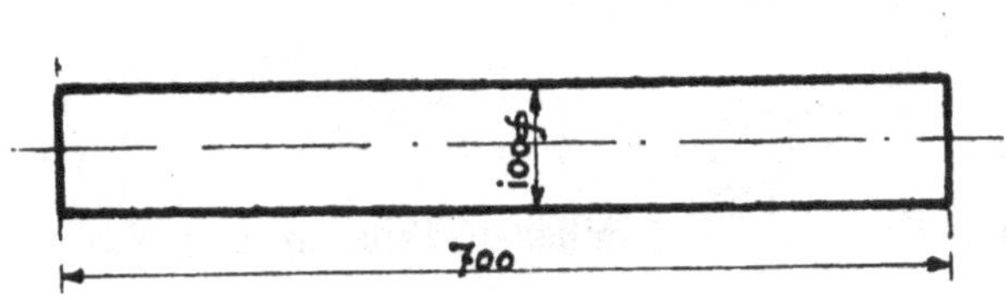

Fig. 48.

Aufgabe 2: Eine glatte Welle nach Fig. 48 auf Maß schleifen. Da der Mitnehmer auf die zu schleifende Stelle gespannt werden muß, schleift man zunächst ca. 500 mm lang und spannt dann die Welle um.

Einspannen und Einstellen der Längsanschläge . .	7,5 Min.
Laufzeit in Min. $T = \frac{500 \cdot 1{,}33}{42} = 15{,}8$	15,8 „
Schnitte anstellen und messen	4,4 „
Umspannen = ca. 80% des erstmaligen Einspannens =	6 „
Laufzeit in Min. $T = \frac{200 \cdot 1{,}33}{42} = 6{,}4$	6,4 „
Schnitte anstellen und messen	3,2 „
	43,3 Min.

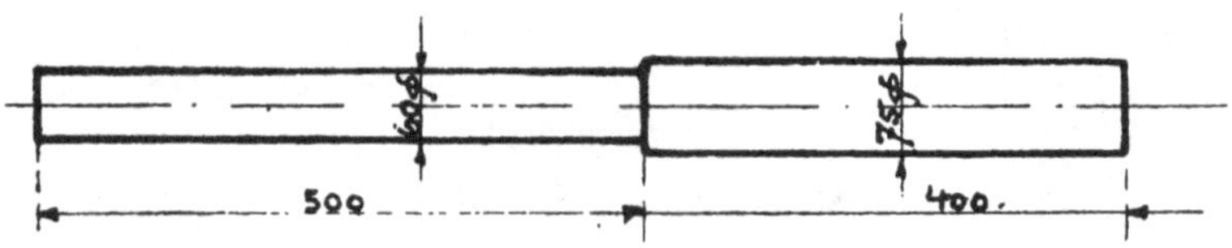

Fig. 49.

Aufgabe 3: An der in Fig. 49 dargestellten Welle beide Ansätze schleifen:

Einspannen (75 × 900) und Anschläge einstellen	6 Min.
75 Durchm. × 400 lang	
Laufzeit in Min. $T = \frac{400 \cdot 1{,}33}{51} = 10{,}4$	10,4 „
Schnitte anstellen und messen	3,4 „
Umspannen = ca. 80% von 6 Min.	4,8 „
60 Durchm. × 500 lang	
Laufzeit in Min. $T = \frac{500 \cdot 1{,}33}{58} = 11{,}5$	11,5 „
Schnitte anstellen und messen	3,2 „
	39,3 Min.

Es sei an dieser Stelle nochmals darauf hingewiesen, daß die nach der Formel $T = \frac{l \cdot 1{,}33}{n}$ ermittelten Tabellenwerte nur für eine Bearbeitungszugabe = 0,5 mm Durchmesser berechnet sind.

TABELLE 43

Werte für das Schleifen von Wellen auf Maß. Werte für 1 Arbeitsstück bei Anfertigung von 3—6 Stück.

Arbeitsstück Ø mm	Umfangsgeschw. v m/Min.	minutl. Umdreh. n		Schleiflänge in mm. — Zeit in Minuten. 25	50	75	100	125	150	175	200	250	300	350	400	500	600	700	800	900	1000
30	8	85	a	2,5	2,5	2,5	2,6	2,6	2,7	2,7	2,8	3	3,2	3,4	3,6						
			b	1	1,1	1,2	1,3	1,4	1,5	1,6	1,8	2	2,2	2,4	2,6						
			c	0,4	0,8	1,2	1,5	2	2,4	2,8	3,1	3,9	4,7	5,5	6,3						
			d	3,9	4,4	4,9	5,4	6	6,6	7,1	7,7	8,9	10,1	11,3	12,5						
40	9	72	a	2,5	2,5	2,5	2,6	2,6	2,7	2,7	2,8	3	3,2	3,4	3,6	3,8	4				
			b	1	1,1	1,2	1,3	1,4	1,5	1,6	1,8	2	2,2	2,4	2,6	2,8	3				
			c	0,5	1	1,4	1,9	2,3	2,8	3,2	3,7	4,6	5,6	6,5	7,4	9,2	11				
			d	4	4,6	5,1	5,8	6,3	7	7,5	8,3	9,6	11	12,3	13,6	15,8	18				
50	10	64	a	2,5	2,5	2,5	2,6	2,6	2,7	2,7	2,8	3	3,2	3,4	3,6	3,8	4	4,2			
			b	1	1,1	1,2	1,3	1,4	1,5	1,6	1,8	2	2,2	2,4	2,6	2,8	3	3,2			
			c	0,6	1,1	1,6	2,1	2,6	3,1	3,7	4,2	5,2	6,2	7,3	8,3	10,4	12,5	14,5			
			d	4,1	4,7	5,3	6	6,6	7,3	8	8,8	10,2	11,6	13,1	15,5	17	19,5	21,9			
60	11	58	a	3	3	3	3	3,1	3,2	3,3	3,4	3,5	3,6	3,8	4	4,2	4,4	4,6			
			b	1,2	1,3	1,4	1,5	1,6	1,8	2	2,2	2,4	2,6	2,8	3	3,2	3,4	3,6			
			c	0,6	1,2	1,8	2,3	2,9	3,5	4	4,6	5,8	6,9	8	9,2	11,5	13,7	16			
			d	4,8	5,5	6,2	6,8	7,6	8,5	9,3	10,2	11,7	13;1	14,6	16,2	18,9	21,5	24,2			
75	12	51	a	4	4	4	4	4,1	4,2	4,3	4,4	4,5	4,6	4,8	5	5,2	5,4	5,6	5,8	6	
			b	1,4	1,5	1,6	1,8	2	2,2	2,4	2,6	2,8	3	3,2	3,4	3,6	3,8	4	4,2	4,4	
			c	0,7	1,3	2	2,6	3,3	3,9	4,6	5,2	6,5	7,8	9,1	10,4	13	15,6	18,2	21	23,5	
			d	6,1	6,8	7,6	8,4	9,4	10,3	11,3	12,2	13,8	15,4	17,1	18,8	21,8	24,8	27,8	31	33,9	
100	13	42	a	5	5	5	5	5,1	5,2	5,3	5,4	5,5	5,6	5,8	6	6,5	7	7,5	8	9	10
			b	1,8	2	2,2	2,4	2,6	2,8	3	3,2	3,4	3,6	3,8	4,1	4,4	4,7	5	5,5	6	7
			c	0,8	1,6	2,4	3,2	4	4,8	5,6	6,4	7,9	9,5	11	12,7	15,8	19	22,5	25,5	28,5	32
			d	7,6	8,6	9,6	10,6	11,7	12,8	13,9	15	16,8	18,7	20,6	22,8	26,7	30,7	35	39	43,5	49

In Spalte 4 bedeutet Zeile a: Einspannen des Arbeitsstückes und Einstellen der Längsanschläge
b: Schnitte anstellen und messen.
c: reine Laufzeit nach der Formel $T = \frac{1,33}{n}$
d: Gesamtzeit in Minuten.

Das Umspannen des Werkstückes ist mit ca. 80 % der Werte aus Zeile a einzusetzen

Beträgt die Bearbeitungszugabe jedoch

0,6 mm, dann lautet die Formel $T = \frac{l \cdot 0{,}6 \cdot 1{,}2}{n \cdot 15 \cdot 0{,}03} = \frac{l \cdot 1{,}6}{n}$

0,7 mm, „ „ „ „ $T = \frac{l \cdot 0{,}7 \cdot 1{,}2}{n \cdot 15 \cdot 0{,}03} = \frac{l \cdot 1{,}87}{n}$

0,8 mm, „ „ „ „ $T = \frac{l \cdot 0{,}8 \cdot 1{,}2}{n \cdot 15 \cdot 0{,}03} = \frac{l \cdot 2{,}13}{n}$

Die kleine Ungenauigkeit im Resultat, die dadurch entsteht, daß die gesamte Zugabe mit 1,2 multipliziert wird, fällt praktisch kaum ins Gewicht.

Das Schleifen von Lagerstellen.

Die Aufgabenbeispiele und die Angaben der Tabelle 43 beziehen sich, wie oben bereits bemerkt, nur auf das Schleifen ungehärteter Teile aus SM-Stahl auf genaues Maß. Sind jedoch an solchen Wellen auch Lagerstellen auf genaues Maß und Hochglanz zu schleifen, so schleift man diese zunächst mit einer grobkörnigen Scheibe bis auf eine Zugabe von ca. 0,05—0,06 mm im Durchmesser vor, worauf mit einer feinkörnigen Scheibe die weitere Bearbeitung erfolgt. Beim Schleifen von Lagerstellen ist die radiale Zustellung sehr gering, auch empfiehlt es sich, den Vorschub in Längsrichtung pro Umdrehung des Arbeitsstückes nicht über 5 mm zu steigern.

Die Tabelle 44 gibt Durchschnittswerte für das Schleifen von Lagerstellen an ungehärteten Wellen aus SM-Stahl, die bis auf eine Zugabe von 0,05—0,06 mm im Durchmesser vorgeschliffen oder sauber vorgedreht sind. Dabei sind in Zeile a — Einspannen und Einstellen der Längsanschläge — die Werte aus Tabelle 43 unverändert übernommen, während die Werte der Zeile b — Schnitte anstellen und messen — den dreifachen Betrag aus Tabelle 43 darstellen.

Die Laufzeit selbst (Zeile c), enthält den ca. fünffachen Wert gegenüber Tabelle 43; erscheint dies auf den ersten Blick auch verhältnismäßig hoch, so ist die Bemessung der Laufzeit in dieser Höhe jedoch notwendig, um alle Schwierigkeiten und Aufenthalte bei Erzielung eines genauen und sauberen Polierschliffes genügend zu erfassen.

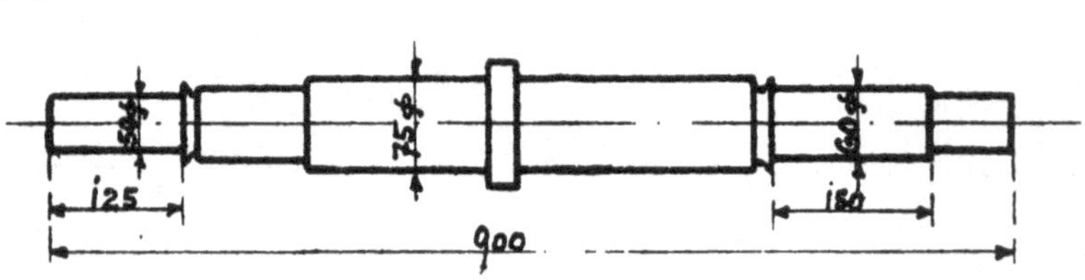

Fig. 50.

TABELLE 44.

Werte für das Schleifen von Lagerstellen an vorgeschliffenen oder sauber vorgedrehten Wellen aus SM-Stahl.

Arbeitsstück Φ mm	v m/Min.	minutl. Umdreh. n		Länge der Lagerstelle in mm. — Zeit in Minuten. 50	75	100	125	150	175	200	250	300	350	400	500
30	8	85	a	2,5	2,5	2,6	2,6	2,7							
			b	3,3	3,6	3,9	4,2	4,5							
			c	4	6	8	10	12							
			d	9,8	12,1	14,5	16,8	19,2							
40	9	72	a		2,5	2,6	2,6	2,7	2,7	2,8					
			b		3,6	3,9	4,2	4,5	4,8	5,4					
			c		7	9.5	11,5	14	16	19					
			d		13,1	16	18,3	21,2	23,5	27,2					
50	10	64	a		2,5	2,6	2,6	2,7	2,7	2,8	3				
			b		3,6	3,9	4,2	4,5	4,8	5,4	6				
			c		8	10,5	13	16	18,5	21	26				
			d		14,1	17	19,8	23,2	26	29,2	35				
60	11	58	a			3	3,1	3,2	3,3	3,4	3,5	3,6			
			b			4,5	4,8	5,4	6	6,6	7,2	7,8			
			c			11,5	14,5	17,5	20	23	29	35			
			d			19	22,4	26,1	29,3	33	39,7	46,4			
75	12	51	a			4	4,1	4,2	4,3	4,4	4.5	4,6	4,8	5	
			b			5,4	6	6,6	7,2	7,8	8,4	9	9,6	10,2	
			c			13	16,5	19,5	23	26	33	39	46	52	
			d			22,4	26,6	30,3	34,5	38,2	45,9	52,0	60,4	67,2	
100	13	42	a				5,1	5,2	5,3	5,4	5,5	5,6	5,8	6	6,5
			b				7,8	8,4	9	9,6	10,2	10,8	11,4	12,3	13,2
			c				20	24	28	32	40	48	56	64	80
			d				32,9	37,6	42,3	47	55,7	64,4	73,2	82,3	99,7

In Spalte 4 bedeutet Zeile a: Einspannen des Arbeitsstückes und Einstellen der Längsanschläge.
b: Schnitte anstellen und messen.
c: Laufzeit in Minuten.
d: Gesamtzeit in Minuten.

Aufgabe: An der in Fig. 50 dargestellten Welle sollen die beiden bis auf 0,05 mm Zugabe vorgeschliffenen Lagerstellen fertig geschliffen werden.

Einspannen (75 Durchm. × 900 lang) und Einstellen der Anschläge = ...	6 Min.*)
Lagerstelle 60 Durchm. × 150 lang. Laufzeit T =	17,5 „
Schnitte anstellen und messen	5,4 „
Umspannen = 80% von 5,8 Min. = ...	4,7 „
Lagerstelle 50 Durchm. × 125. Laufzeit T = . .	13 „
Schnitte anstellen und messen	4,2 „
	50,8 Min.

VIII. Arbeiten auf Fräsmaschinen.

Man unterscheidet das Arbeiten mit dem Walzenfräser, Stirnfräser, Messerkopf, Nutenfräser, Scheibenfräser, Zahnradfräser und der Kreissäge.

1. Walzenfräser.

Am einfachsten gestaltet sich die Berechnung der Laufzeit beim Fräsen mit dem Walzenfräser, und zwar rechnet man zweckmäßig nicht nach Schnittgeschwindigkeit und Vorschub pro Umdrehung, sondern nur nach Vorschub in der Minute. Die in den nächsten Tabellen für den minutlichen Vorschub eingesetzten zuverlässigen Erfahrungswerte sind berechnet unter Zugrundelegung folgender Schnittgeschwindigkeiten:

TABELLE 45.

Durchschnitts-Schnittgeschwindigkeiten für Walzen- und Stirnfräser.

Material des Arbeitsstückes	Festigkeit kg p. mm²	Fräser aus Schnellschnittstahl Schnittgeschwindigkeit in m/Min. Schruppen	Fräser aus Schnellschnittstahl Schnittgeschwindigkeit in m/Min. Schlichten	Fräser aus Werkzg.-Gußstahl Schnittgeschwindigkeit in m/Min. Schruppen	Fräser aus Werkzg.-Gußstahl Schnittgeschwindigkeit in m/Min. Schlichten
Chrom-Nickelstahl . . .	80	8	9	—	—
do. . . .	70	9	10	—	—
Nickelstahl u. Stahlguß .	60	10—11	11—13	7 5—8,5	8,5—10
do.	50	13	16	10	12
Gußeis. u. harte Bronce .	—	15	19	11	14
SM.-Stahl	—	17	21	13	16
Schmiede-E. u. Aluminium	—	20	25	15	19
Weiche Bronce	—	25—30	30—38	19—22	22—28
Rotguß u. Messing . .	—	35—40	40—50	26—30	30—37

*) Vergl. Tabelle 43.

Ueber die zulässigen minutlichen Vorschübe gibt die folgende Tabelle Aufschluß. Vorausgesetzt ist dabei, daß der Walzenfräser durch die Gegenspitze oder Führungsbuchse sicher geführt wird.

TABELLE 46.

Minutliche Vorschübe für mittlere Ständer- und Tischfräsmaschinen bei Verwendung von Walzenfräsern aus Schnellschnittstahl.

Material	Festigkeit kg. p. mm²	Fräsbreite mm	Bei einer Schnittiefe t = 2–6 mm beträgt der Vorschub p. Minute ca. mm	Bei einer Schnittiefe t = 7–10 mm beträgt der Vorschub p. Minute ca. mm	Beim Schlichten beträgt der Vorschub p. Minute ca. mm
		50—100	17	14	23
Chrom-Nickelstahl . . .	80	125—200	15	12	20
		225—300	12	10	16
		50—100	22	18	29
do.	70	125—200	19	15	25
		225—300	16	13	22
		50—100	27	22	36
Nickelstahl u. Stahlguß	60	125—200	23	19	31
		225—300	19	15	25
		50—100	30	24	40
do.	50	125—200	25	20	33
		225—300	21	17	28
		50—100	33	27	43
Gußeisen u. harte Bronce	—	125—200	28	23	37
		225—300	23	19	30
		50—100	36	30	47
SM.-Stahl	—	125—200	30	25	39
		225—300	25	20	32
		50—100	42	34	53
Schmiede-E. u. Aluminium	—	125—200	36	29	46
		225—300	29	24	37
		50—100	45	36	58
Weiche Bronce	—	125—200	38	30	50
		225—300	31	25	40
		50—100	50	40	65
Rotguß und Messing . .	—	125—200	45	36	58
		225—300	40	32	50

TABELLE 47

Minutliche Vorschübe für größere Ständer- und Langfräsmaschinen bei Verwendung von Walzenfräsern aus Schnellschnittstahl.

Material	Festigkeit kg p. mm²	Fräsbreite mm	Bei einer Schnittiefe t= 4—8 mm beträgt der Vorschub p. Minute ca. mm	Bei einer Schnittiefe t= 10—15 mm beträgt der Vorschub p. Minute ca. mm	Beim Schlichten beträgt der Vorschub p. Minute ca. mm
		50—100	21	17	28
Chrom-Nickelstahl	80	125—200	19	15	24
		225—300	15	12	19
		50—100	27	22	35
do.	70	125—200	24	19	30
		225—300	20	16	27
		50—100	34	27	43
Nickelstahl u. Stahlguß	60	125—200	29	23	37
		225—300	24	19	30
		50—100	38	30	48
do.	50	125—200	31	25	40
		225—300	26	21	34
		50—100	41	33	51
Gußeisen u. harte Bronce	—	125—200	35	28	44
		225—300	29	23	38
		50—100	45	37	56
SM.-Stahl	—	125—200	38	32	47
		225—300	32	25	40
		50—100	53	42	64
Schmiede-E. u. Aluminium	—	125—200	45	36	55
		225—300	36	30	45
		50—100	56	45	70
Weiche Bronce	—	125—200	48	37	60
		225—300	40	32	50
		50—100	62	50	80
Rotguß u. Messing	—	125—200	56	45	70
		225—300	50	40	62

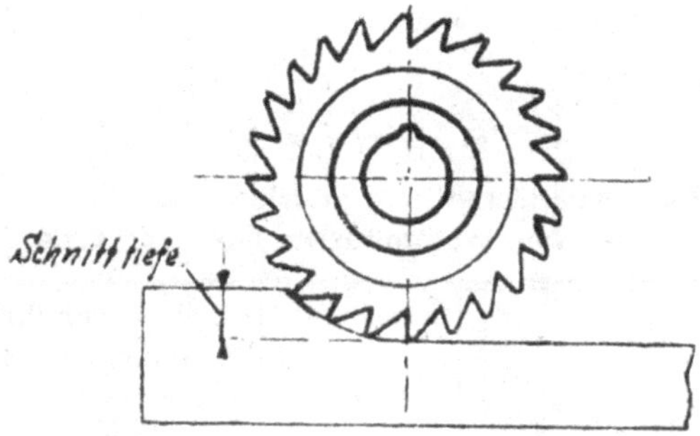

Fig 51.

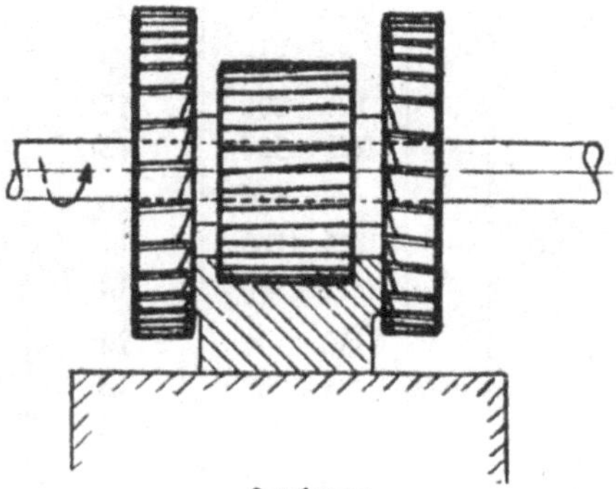

Satzfräser

Fig. 52.

Die Berechnung der Laufzeit nach dem Vorschub in der Minute ist insofern vorteilhaft, als man nur nötig hat, diesen in die ganze Arbeitslänge zu dividieren, um die Laufzeit für 1 Schnitt über die ganze Länge zu erhalten.

Beispiel für Tabelle 46: 1 Platte aus Schmiedeeisen 685 lang, 135 breit, mit 2 Schnitten fräsen; Bearbeitungszugabe sei 5 mm

Laufzeit für den 1. Schnitt . . $T = \frac{685}{36} = \sim 19$ Min.

Laufzeit für den Schlichtschnitt . $T = \frac{685}{46} =$ 15 Min.

34 Min.

Bei Verwendung von Fräsern aus Werkzeug-Gußstahl sind die Werte der Tabellen Nr. 48 und 49 zu benutzen.

TABELLE 48.

Minutliche Vorschübe für mittlere Ständer- und Tischfräsmaschinen bei Verwendung von Walzenfräsern aus Werkzeug-Gußstahl.

Material	Festigkeit kg p. mm^2	Fräsbreite mm	Bei einer Schnittiefe t= 2—6 mm beträgt der Vorschub p. Minute ca. mm	Bei einer Schnittiefe t= 7—10 mm beträgt der Vorschub p. Minute ca. mm	Beim Schlichten beträgt der Vorschub p. Minute ca. mm
		50—100	16	13	27
Stahlguß	60	125—200	14	11,5	23
		225—300	12	9	19
		50—100	18	15	30
Stahlguß	50	125—200	15	12	25
		225—300	13	10	21
		50—100	20	16	32
Gußeisen u. harte Bronce	—	125—200	17	14	28
		225—300	14	11	23
		50—100	22	18	35
SM.-Stahl	—	125—200	18	15	29
		225—300	15	12	24
		50—100	25	20	40
Schmiede-E, u. Aluminium	—	125—200	22	17	35
		225—300	17	14	28
		50—100	27	22	43
Weiche Bronce	—	125—200	23	18	37
		225—300	19	15	30
		50—100	30	24	49
Rotguß u. Messing	—	125—200	27	21	43
		225—300	24	19	38

TABELLE 49.

Minutliche Vorschübe für größere Ständer- und Langfräsmaschinen bei Verwendung von Walzenfräsern aus Werkzeug-Gußstahl.

Material	Festigkeit kg p. mm^2	Fräsbreite mm	Bei einer Schnittiefe t= 4—8 mm beträgt der Vorschub p. Minute ca. mm	10—15 mm ca. mm	Beim Schlichten beträgt der Vorschub p. Minute ca. mm
Stahlguß	60	50—100	21	16	32
		125—200	18	14	28
		225--300	15	12	24
Stahlguß	50	50—100	23	18	36
		125—200	19	15	30
		225—300	16	13	26
Gußeisen u. harte Bronce	—	50—100	25	20	40
		125—200	21	17	34
		225—300	18	14	28
SM.-Stahl	—	50—100	27	22	44
		125—200	23	19	38
		225—300	19	15	30
Schmiede-E. u. Aluminium	—	50—100	32	25	50
		125—200	27	22	44
		225—300	22	18	36
Weiche Bronce	—	50—100	34	27	54
		125—200	29	22	44
		225—300	24	19	38
Rotguß u. Messing	—	50—100	37	30	60
		125—200	33	27	54
		225—300	30	24	48

Die Werte der Tabellen Nr 46—49 gelten für Fräser mit normaler Zahnteilung; für Fräser mit grober Teilung, also geringerer Zähnezahl, können die Werte etwas gesteigert, im umgekehrten Fall etwas verringert werden.

2. Stirnfräser und Messerkopf.

Für die Laufzeitberechnung von Flächen, die mit Stirnfräser oder Messerkopf bearbeitet werden, können alle nötigen Werte, — der minutliche Vorschub und die Fräsbreite — den Tabellen für Walzenfräser entnommen werden. Zu der Länge der Arbeitsfläche ist jedoch stets soviel zuzugeben, wie der Auslauf des Fräsers beträgt.

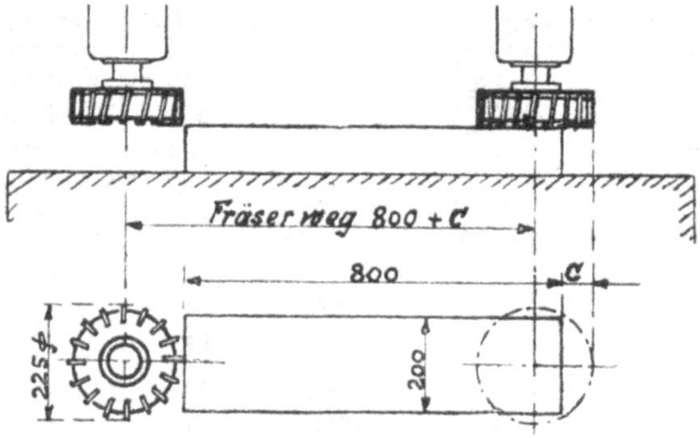

Fig. 53.

Dieser Wert, in der Figur 53 mit c bezeichnet, ergibt sich aus dem Verhältnis des Fräserdurchmessers zur Flächenbreite.

Ueber die Größe dieses Zusatzwertes gibt die folgende Tabelle einige Angaben.

TABELLE 50.

	Fräser-Durchmesser mm							
	75	100	125	150	175	200	225	250
Fräsbreite mm	Zusatzwerte in mm							
50	10	6,5	5	4				
75		16	12,5	10	8	7		
100		50	24	18,5	15	13	11,5	10
125				33	26	22	19	16
150				75	42	33	27,5	24
175					87,5	51	41	35
200						100	58	50
225							112	68
250								125

B e i s p i e l 1 Fläche 800 mm lang und 200 mm breit in Gußeisen mit 2 Schnitten fräsen. Die Bearbeitungszugabe sei ca. 9 mm, der Durchmesser des Messerkopfes = 225 mm, die Schnittlänge ist = 800 + 58 = 858 mm. Dann ist nach Tabelle 46

die Laufzeit für den 1 Schnitt $T = \frac{858}{23} = 37$ Min.

die Laufzeit für den Schlichtschnitt $T = \frac{858}{37} = 23$ Min.

TABELLE 51.

Zeittabelle für das Aufspannen und Ausrichten kastenförmiger Körper mit gerader Auflagefläche auf gewöhnlichen Ständer- oder Langfräsmaschinen.

Grundfläche mm	Art des Aufspannens		Höhe in Millimeter 100	200	300	400	600	800	1000	1500
200 × 200	I	Min.	6	6	6	7				
270 × 250	II	„	8	8	8	9				
400 × 100		kg	11	21	31	42		ohne Kran		
300 × 300	I	Min.	6	6	11	12		mit Kran		
400 × 225	II	„	8	8	15	17				
600 × 150		kg	23	47	70	93				
400 × 400	I	Min.	6	11	12	13.	16			
550 × 300	II	„	8	15	17	18	22			
800 × 200		kg	42	81	125	165	250			
600 × 600	I	Min.	11	12	14	15	18	22		
800 × 450	II	„	15	17	19	21	25	31		
1200 × 300		kg	94	188	285	375	470	750		
800 × 800	I	Min.	15	16	18	20	24	27	31	34
1100 × 600	II	„	20	22	25	28	34	38	43	48
1600 × 400		kg	165	330	500	660	1000	1300	1660	2500
1000 × 1000	I	Min.	18	20	22	24	29	32	36	40
1350 × 750	II	„	25	28	31	34	40	45	50	56
2000 × 500		kg	260	520	780	1040	1550	2050	2600	3900
1500 × 1500	I	Min	22	25	29	32	37	40	44	48
2000 × 1125	II	„	31	35	41	45	52	56	62	67
3000 × 750		kg	580	1160	1750	2300	3500	4700	5800	8700

Die Gewichtsangaben entsprechen ungefähr ⅓ des Gewichtes voller Körper von denselben Abmessungen.

I = einfaches Ausrichten nach rohen Flächen.

II = Ausrichten nach vorgezeichnetem Riß.

Von obigen Tabellenwerten sind einzusetzen:

Bei Anfertigung von 2— 4 Körpern 80 %

„ „ „ 5—10 „ 70 %

„ „ „ 11 u. mehr „ 60 %

Für jedes Umspannen sind einzusetzen 50 % der Werte der Gruppe II

Die vorstehend angegebenen Werte beziehen sich auf Fräsmaschinen älterer Konstruktion bei Verwendung der gewöhnlichen Walzen- und Stirnfräser. Stehen jedoch moderne Schnellfräsmaschinen

Walzenfräser (Patent Koch

Abb. 54.

zur Verfügung, auf denen hochleistungsfähige Walzenfräser mit großem Spiralwinkel (Patent Koch) zur Anwendung kommen (siehe Abbildung 54), so lassen sich die oben angegebenen minutlichen Vorschübe um das Doppelte und Dreifache steigern.

Bei Verwendung dieser Maschinen und Werkzeuge lassen sich z. B. bei Bearbeitung von Flächen in SM-Stahl je nach Flächenbreite und Schnittiefe Vorschübe von 100—225 mm p. Min. im Dauerbetrieb ohne Schwierigkeit erzielen.

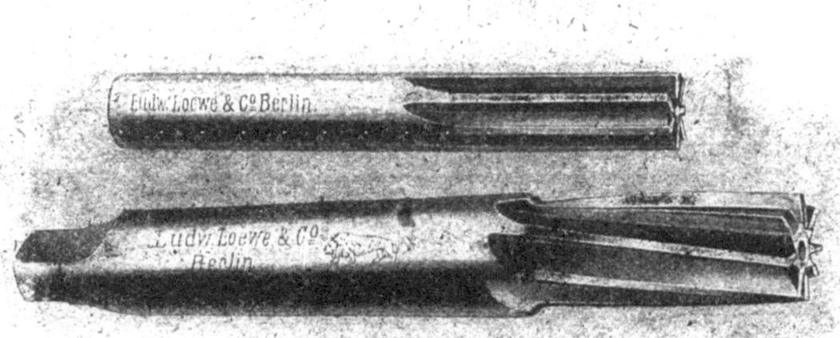

Schaftfräser (Fräsbohrer)

Abb 55.

3. Nutenfräser. (Abbildungen Nr. 55—57.)

Das Einfräsen von Keilnuten in Wellen usw. geschieht sowohl durch Fräsbohrer als auch durch Scheibenfräser.

Ueber die zulässige Schnittiefe resp. Vorschub pro Minute gibt die nächste Tabelle genaue Angaben. Bei annähernd gleicher Schnitttiefe kann der Vorschub bei Benutzung eines Scheibenfräsers naturgemäß bedeutend größer angenommen werden, als es der Fräsbohrer gestattet; man wird deshalb alle Nuten, die an den Enden nicht ausgerundet sein brauchen, mit dem Scheibenfräser herstellen; eventuell fräst man mit dem Scheibenfräser bis auf die erforderliche Tiefe und benutzt den Fräsbohrer dann nur zum Ausrunden beider Nutenenden.

Nutenfräser.

Abb. 56.

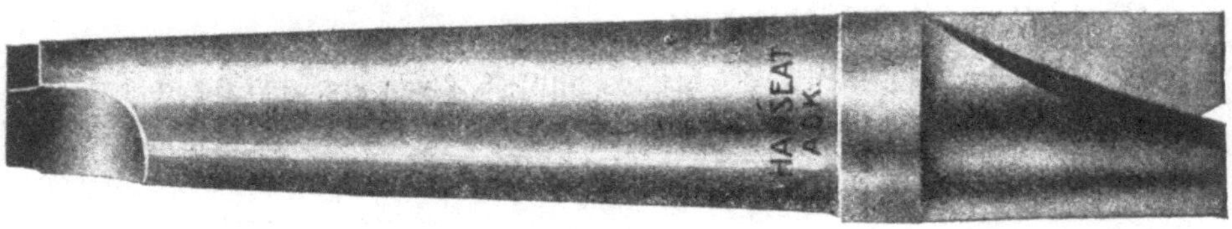

Hanseat-Nutenfräser

Abb. 57.

TABELLE 52.

Schnittiefe und Vorschub beim Fräsen von Keilnuten in S.-M.-Stahl an Maschinen älterer Konstruktion bei Verwendung von Fräsern aus Schnellschnittstahl.

Nutenbreite mm	Fräsbohrer Zulässige Schnittiefe mm	Fräsbohrer Vorschub p. Min. mm	Scheibenförmiger Nutenfräser Zulässige Schnittiefe mm	Scheibenförmiger Nutenfräser Vorschub p. Min. mm	Beim
—10	3	30	3	30	Schruppen
	0,2	45	0,2	45	Schlichten
11—20	4	21	4	30	Schruppen
	0,2	32	0,2	45	Schlichten
21—30	5,5	15	6	25	Schruppen
	0,2	23	0,3	38	Schlichten
31—40	8	12	8	20	Schruppen
	0,2	18	0,3	30	Schlichten
41—60	10	10	10	15	Schruppen
	0,2	15	0,3	22	Schlichten

Für die Berechnung der Laufzeit je ein Beispiel für Fräsbohrer und Scheibenfräser

*) Beispiel für Fräsbohrer. 1 Keilnut fräsen 15 mm breit, 6 mm tief, 175 mm lang. Da die zulässige Schnittiefe nur 4 mm beträgt, sind 2 Schruppschnitte und, vorausgesetzt, daß die Nut auch im Grunde sauber sein soll, noch 1 Schlichtschnitt zu rechnen.

Dann ist die Laufzeit für den 1 Schnitt $T = \frac{175}{21} = \sim 8{,}5$ Min.

" " " " " " 2. " $T =$ ebenfalls 8,5 "

" " " " " " Schlichtschnitt $T = \frac{175}{32} = \sim 5{,}5$ "

22,5 Min.

**) Beispiel für Scheibenfräser 1 Keilnut fräsen 35 mm breit, 7 mm tief, 250 mm lang, erforderlich sind 1 Schruppschnitt und 1 Schlichtschnitt.

Die Laufzeit für den Schruppschnitt ist $T = \frac{250}{20} = 12{,}5$ Min.

" " " " Schlichtschnitt " $T = \frac{250}{30} = 8{,}5$ "

21 Min.

*) Abb. 55. — **) Abb. 56.

TABELLE 53

Schnittiefe und Vorschub beim Fräsen von Keilnuten in S.-M.-Stahl an Maschinen älterer Konstruktion bei Verwendung von Fräsern aus Werkzeuggußstahl.

Nutenbreite	Fräsbohrer		Scheibenförmiger Nutenfräser		
	Zulässige Schnittiefe	Vorschub p. Min.	Zulässige Schnittiefe	Vorschub p. Min.	
mm	mm	mm	mm	mm	Beim
—10	3	20	3	20	Schruppen
	0,2	30	0,2	30	Schlichten
11—20	4	14	4	20	Schruppen
	0,2	22	0,2	30	Schlichten
21—30	5,5	10	6	17	Schruppen
	0,2	15	0,3	25	Schlichten
31—40	8	8	8	14	Schruppen
	0,2	12	0,3	20	Schlichten
41—60	10	6,5	10	10	Schruppen
	0,2	10	0,3	15	Schlichten

Wesentlich höhere Leistungen sind mit dem sogenannten Hanseat-Nutenfräser*) zu erzielen, der die Keilnuten auch bei großer Tiefe mit nur einem Schnitt fräst. Mittels der radialen Schneiden an der Stirnfläche bohrt der Fräser bis auf die erforderliche Tiefe der Nut in das Material hinein und fräst dann mittels der achsialen Längsschneiden das Material der ganzen Nutenlänge mit einem Schnitt heraus.

Die Firma Albert Kämmerer, Düsseldorf, macht über die von ihr fabrizierten Hanseat-Nutenfräser folgende Leistungsangaben

Nutenbreite	Spanhöhe	Umdrehungen		Vorschub p. Min.	
		Spezialstahl	Schnelldrehstahl	Spezialstahl	Schnelldrehstahl
mm	mm			mm	mm
5	1,75—3,5	1000	2550	50—100	125—250
8	2,75—5,5	625	1600	30—60	80—160
10	3,25—6,5	500	1300	25-50	65—130
15	5—10	340	850	17—35	40—85
20	7—14	250	635	12—25	30—65
25	9—18	200	510	10—20	25—50
30	10—20	170	425	8—17	20—40
40	14—28	125	320	6—13	16—32
50	17—34	100	255	5—10	13—26
60	20—40	85	210	4—8	11—22

*) Abb. 57, S. 113.

Keilnuten in S.-M.-Flußeisen von ca. 50 kg Festigkeit.*)

Keilnute 12 mm breit, 6 mm tief, 210 mm lang, 10 Minuten Fräsdauer
„ 12 „ „ 7 „ „ 210 „ „ 10 „ „
„ 12 „ „ 9 „ „ 210 „ „ 10 „ „
„ 12 „ „ 10 „ ebenfalls mit 21 mm Vorschub in der Minute.

4. Kreissägen.

Die Kreissägen werden zum Durchschneiden von Platten, Schienen und Gußstücken usw verwendet. Die folgende Tabelle gibt zuverlässige Werte für die Laufzeitberechnung unter Berücksichtigung des Materials und der Schnittiefe.

TABELLE 54.
Durchschnittswerte für minutliche Vorschübe von Kreissägen auf Fräsmaschinen.

Material	Schnitt-tiefe mm	Vorschub p. Minute mm	Material	Schnitt-tiefe mm	Vorschub p. Minute mm
Stahlguß	3—7	10	Schm.-Eisen und Aluminium	3—7	13
„	8—15	7		8—15	9
„	20—30	5		20—30	6
„	35—45	4		35—45	4
Gußeisen	3—7	15	Bronce	3—7	20
„	8—15	12	„	8—15	15
„	20—30	8	„	20—30	10
„	35—45	6	„	35—45	8
SM.-Stahl	3—7	12	Rotguß	3—7	25
„	8—15	8	„	8—15	20
„	20—30	6	„	20—30	14
„	35—45	4	„	35—45	10

Bei der Berechnung der Laufzeit ist noch ein Zuschlag für den Auslauf der Säge zu machen.

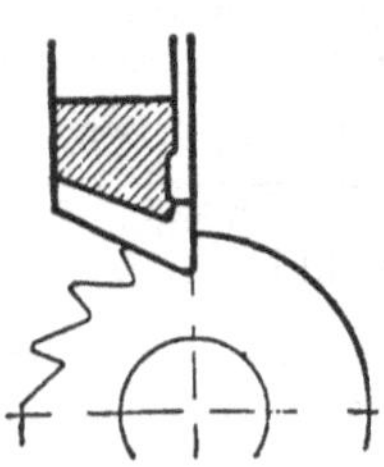
Abb. 58.

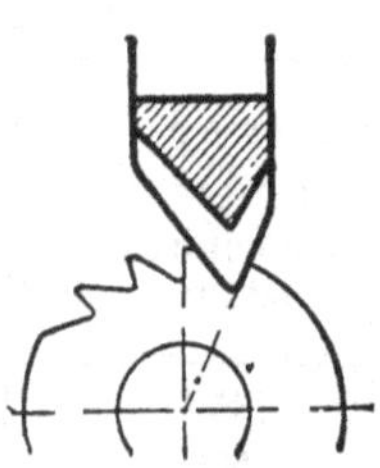
59.

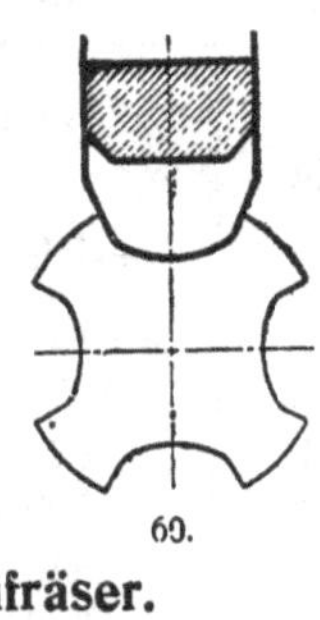
60.

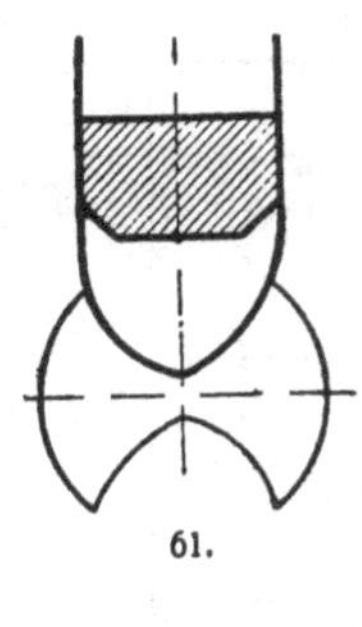
61.

Winkel- und Formfräser.

Die in Abb. 58—61 dargestellten Fräser werden zum Fräsen von Nuten in Fräser, Senker, Reibahlen, Spiralbohrer und Gewindebohrer benutzt.

*) Angaben der Firma A. Kämmerer-Düsseldorf.

Ueber die minutlichen Vorschübe gibt die nächste Tabelle (Nr 55) Auskunft.

TABELLE 55.

Minutliche Vorschübe für Winkel- u. Formfräser.

Schnittiefe	Werkstück aus geglühtem Gußstahl		Werkstück aus Schnellschnittstahl	
	Fräser aus Schnellstahl	Fräser aus Gußstahl	Fräser aus Schnellstahl	Fräser aus Gußstahl
	Vorschub pro Minute			
ca. mm	ca. mm	ca. mm	ca. mm	ca. mm
—5	60	40	48	kommt nicht in Frage
6—10	50	33	40	
11—15	42	28	33	
16—20	36	24	29	
21—25	32	21	26	

5. Arbeiten auf Rundfräsmaschinen.

Die Rundfräsmaschine wird in vielen Fällen an Stelle der Drehbank benutzt unter Anwendung geeigneter Satz- und Profilfräser

Der Hauptvorteil dieser Maschinen besteht darin, daß ein Mann gleichzeitig 3—5 Maschinen bedienen kann.

Alle erforderlichen Angaben enthält die nächste Tabelle.

Für das Einrichten der Maschine sind 10—15 Min. einzusetzen.

TABELLE 56.

Minutl. Vorschübe an Rundfräsmaschinen für Fräser aus Schnellschnittstahl.

	Fräsbreite mm	Vorschub pro Min. ca. mm 1. Schnitt	2. Schnitt	3. Schnitt
Stahlguß	25—50	28	42	42
	50—75	26	39	39
	75—100	24	36	36
	100—125	22	33	33
	125—150	20	30	30
Gußeisen u. harte Bronce	25—50	32	48	48
	50—75	30	45	45
	75—100	28	42	42
	100—125	26	39	39
	125—150	24	36	36
SM.-Stahl	25—50	36	54	54
	50—75	33	48	48
	75—100	30	45	45
	100—125	28	42	42
	125—150	26	39	39
Weiche Bronce	25—50	44	60	60
	50—75	41	57	57
	75—100	38	53	53
	100—125	35	50	50
	125—150	32	45	45
Rotguß u. Messing	25—50	50	65	65
	50—75	48	62	62
	75—100	46	58	58
	100—125	43	54	54
	125—150	40	50	50

Aufspannzeiten.

Äußerer Durchm. d. Arbeitsstückes mm	Breite des Arbeitsstückes mm	Aufspannzeit in Minuten
50	25—75	5
	100—150	6
100	25—75	5
	100—150	6
150	25—75	6
	100—150	7
200	25—75	6
	100—150	7
250	25—75	7
	100—150	8
300	25—75	7
	100—150	9
350	25—75	8
	100—150	10
400	25—75	8
	100—150	10
450	25—75	
	100—150	9
500	25—75	10
	100—150	12

Der 3. Schnitt kommt nur für sehr genaue Arbeiten in Frage.

Die in der Tabelle angegebenen minutlichen Vorschübe verstehen sich für das Fräsen gerader Umfangsflächen, wie an Riemenscheiben, Stirnrädern usw. — Für das Fräsen profilierter Umfangsflächen, wie Randscheiben, Kegel- und Schneckenräder usw., sind die Werte der Tabelle um 20 % zu reduzieren.

Die Aufspannzeiten sind eingesetzt für 1 Stück bei Anfertigung von ca. 3 Stück und sind bei größerer Anzahl entsprechend zu verringern.

Fig. 62.

Beispiel: An einem gußeisernen Stirnrad nach Fig. 62 den Kranz außen und an beiden Seiten fräsen.

Aufspannen 8 Min.

1. Schnitt Zeit in Min. $T = \frac{400 \cdot \pi}{30} \; . \; . = 42$ „

2. „ „ „ „ $T = \frac{400 \cdot \pi}{45} \; . \; . = 28$ „

78 Min.

Façonfräser.

Abb. 63

Automatische Stirnräderfräsmaschine (Teilverfahren).

Abb. 64.

6. Das Fräsen von Stirnrädern.

Das Fräsen von Zähnen aus dem Vollen an Stirnrädern und Ritzeln geschieht zweckmäßig nur auf besonderen Spezialmaschinen. Diese teilt man hinsichtlich ihrer Arbeitsweise ein in solche, die nach dem automatischen Teilverfahren, und solche, die nach dem Abwälzverfahren arbeiten. —

TABELLE 57

Minutliche Umdrehungen von Stirnradfräsern für das Teil- und Abwälzverfahren.

Material	Festigkeit in kg p. mm²	Fräser aus Schnellschnittstahl	Fräser aus Werkzeug-Gußstahl
		Minutliche Umdrehungen	
Chrom-Nickelstahl	80	$\frac{3200}{\text{Fräser-Durchm. in mm}}$	—
Chrom-Nickelstahl	70	$\frac{3500}{\text{Fräser-Durchm. in mm}}$	—
Nickelstahl, S.-M.-Stahl u. Stahlguß	50—60	$\frac{4200}{\text{Fräser-Durchm. in mm}}$	$\frac{3200}{\text{Fräser-Durchm. in mm}}$
Weicher Stahl, Gußeisen u. Bronce	—	$\frac{5200}{\text{Fräser-Durchm. in mm}}$	$\frac{4000}{\text{Fräser-Durchm. in mm}}$

Teilverfahren für Stirnräder.

Bei dieser Maschine steht das zu fräsende Rad während des Fräsens still, der Modulfräser fräst mit einem bestimmten Vorschub die Zahnlücke aus, geht selbsttätig zurück, worauf das Rad, ebenfalls selbsttätig, um den Betrag der Teilung weiter gedreht wird, und der Fräser die nächste Zahnlücke herstellt. Für die Laufzeitberechnung gibt die nächste Tabelle alle nötigen Werte. Die Zusatzbreite für den Anschnitt des Fräsers ist im Mittel = 0,8 Fräser-Radius; diese Zusatzbreite braucht eigentlich nur beim 1. Schnitt voll eingesetzt zu werden, jedoch ist es praktisch richtiger, sie auch beim 2. resp. 3. Schnitt hinzuzufügen, um dadurch die Zeit für den Rücklauf des Fräsers (nach dem Ausfräsen einer Zahnlücke) auszugleichen.

Die Berechnung der Laufzeit geschieht nach folgender Forme
Laufzeit für 1 Schnitt in Min.

$$T = \frac{(\text{Radbreite} + \text{Zusatzbreite}) \times \text{Zähnezahl}}{\text{Vorschub pro Minute}}$$

Zahnformfräser.

Abb. 65.

Für Modul 1—6 genügt in der Regel 1 Schnitt; bei diesen kleinen Teilungen ist ein 2. Schnitt nur dann erforderlich, wenn an das zu fräsende Rad erhebliche Anforderungen in bezug auf hohe Tourenzahl oder geräuschlosen Gang gestellt werden. Für größere Teilungen, über 14 π, empfiehlt sich die Verwendung von Zahnform-vorfräsern, um das Profil des Fertigfräsers zu schonen.

Die nächsten 6 Tabellen geben Aufschluß über minutliche Umdrehungszahlen der Fräser, minutliche Vorschübe, Schnittzahl, Zusatzbreite und Aufspannzeiten. — Die Werte sind getrennt aufgeführt für Fräser aus Schnellschnittstahl und Werkzeuggußstahl, sowie für Räder aus Chrom-Nickel- und Nickelstahl, SM-Stahl und Stahlguß resp. aus Gußeisen und Bronze.

Zahnform-Vorfräser.

Abb. 66.

TABELLE 58.

Das Fräsen von Stirnrädern nach dem automatischen Teilverfahren.

Werkstück: Chrom-Nickelstahl von ca. 80 kg Festigkeit.
Fräser: Schnellschnittstahl.

Modul	Fräser-Ø in mm	Umdrehungen des Fräsers p. Min. n	Zusatz-Breite mm	Vorschub pro Minute in mm 1. Schnitt	2. Schnitt	3. Schnitt	Einrichten d. Maschine ca. Min.	Aufspannen pro Rad ca. Min.
1	50	64	13	63	70	—	20	5 - 45 Minuten je nach Grosse des Rades
2	60	53	18	59	70	—		
3	70	46	23	52	66	—		
4	80	40	27	46	66	—		
5	90	36	31	40	63	—		
6	100	32	37	37	59	—	30	
7	105	31	42	35	56	—		
8	110	29	44	33	52	—		
9	115	28	46	31	49	—		
10	120	27	48	28	45	—		
11	130	25	53	26	42	—	40	
12	135	24	56	24	38	—		
13	140	23	60	21	35	—		
14	145	22	62	18	31	—		
15	150	21	65	17	28	—		
16	155	20	68	15	24	—	60	
17	170	18	73	15	22	—		
18	175	18	75	14	21	—		
19	180	17	78	14	21	31		
20	190	17	82	12	21	29		
21	200	16	86	12	19	29	90	
22	210	15	90	12	19	28		
23	220	14,5	94	11	17	28		
24	225	14	98	11	17	28		
25	235	13,5	102	11	16	26		
26	250	13	106	11	16	24		
27	255	12,5	108	10	15	24		
28	265	12	112	10	15	22		
29	275	11,5	116	9	14	22		
30	285	11	120	9	14	21		
						Nur bei Teilungen über 18 π.	Diese Werte sind zu dividieren durch die Anzahl der anzufertigenden gleichen Rader	

Beispiel: 1 Stirnrad aus Chrom-Nickelstahl von 80 kg Festigkeit, Mod. 15, 140 mm breit, 35 Zähne, mit 2 Schnitten fräsen.

Zeit für den 1. Schnitt in Min. $T_1 = \frac{(140 + 65) \cdot 35}{17} = 422$ Min.

„ „ „ 2. „ „ „ $T_2 = \frac{(140 + 65) \cdot 35}{28} = 256$ „

Einrichten der Maschine . . . . = ca. 40 „

Auf- und Abspannen des Rades . . . . = „ 12 „

730 Min.

Minutliche Umdrehungszahl des Fräsers $n = \frac{3200}{\text{Fräser-Durchm.}}$

TABELLE 59.

Das Fräsen von Stirnrädern nach dem automatischen Teilverfahren.

Werkstück: Chrom-Nickelstahl von ca. 70 kg Festigkeit.
Fräser: Schnellschnittstahl.

Modul	Fräser-Ø in mm	Umdrehungen des Fräsers p. Min. n	Zusatz-Breite mm	Vorschub pro Minute in mm			Einrichten d. Maschine ca. Min.	Aufspannen pro Rad ca. Min.
				1. Schnitt	2. Schnitt	3. Schnitt (Nur bei Teilungen über 18)	(Diese Werte sind zu dividieren durch die Anzahl der anzufertigenden gleichen Räder.)	5 - 45 Minuten je nach Grösse des Rades
1	50	70	13	72	80	–	20	
2	60	58	18	63	80	–		
3	70	50	23	60	76	–		
4	80	44	27	52	76	–		
5	90	39	31	46	72	–		
6	100	35	37	42	68	–	30	
7	105	34	42	40	64	–		
8	110	32	44	38	60	–		
9	115	30	46	35	56	–		
10	120	29	48	32	52	–		
11	130	27	52	29	48	–	40	
12	135	26	56	27	44	–		
13	140	25	60	24	40	–		
14	145	24	62	21	36	–		
15	150	23	65	19	32	–		
16	155	22	68	17	28	–	60	
17	170	21	73	17	26	–		
18	175	20	75	16	24	–		
19	180	19	78	16	24	36		
20	190	18,5	82	16	24	33		
21	200	17,5	86	14	22	33	90	
22	210	16,5	90	14	22	32		
23	220	16	94	14	20	32		
24	225	15,5	98	13	20	32		
25	235	15	102	13	18	30		
26	250	14	106	13	18	28		
27	255	13,5	108	12	17	28		
28	265	13	112	12	17	26		
29	275	13	116	10	16	25		
30	285	12,5	120	10	16	24		

Beispiel: 1 Stirnrad aus Chrom-Nickelstahl von 70 kg Festigkeit, Mod. 15, 140 mm breit, 35 Zähne, mit 2 Schnitten fräsen.

Zeit für den 1. Schnitt in Min. $T_1 = \frac{(140 + 65) \cdot 35}{19}$ = 378 Min.

„ „ „ 2. „ „ „ $T_2 = \frac{(140 + 65) \cdot 35}{32}$ = 224 „

Einrichten der Maschine . . . . = ca. 40 „

Auf- und Abspannen des Rades . . . . = „ 12 „

654 Min.

Minutliche Umdrehungszahl des Fräsers $n = \frac{3500}{\text{Fräser-Durchm.}}$

TABELLE 60.

Das Fräsen von Stirnrädern nach dem automatischen Teilverfahren.

Werkstück: Nickelstahl, S.-M.-Stahl u. Stahlguß von 50—60 kg Festigkeit.
Fräser: Schnellschnittstahl.

Modul	Fräser Ø in mm	Umdrehungen des Fräsers p. Min. n	Zusatz-Breite mm	Vorschub pro Minute in mm			Einrichten d. Maschine ca. Min.	Aufspannen pro Rad ca. Min.
				1. Schnitt	2. Schnitt	3. Schnitt		
1	50	84	13	90	100	-	20	5 - 45 Minuten je nach Grösse des Rades.
2	60	70	18	84	100	-		
3	70	60	23	75	95	-		
4	80	53	27	65	95	-		
5	90	47	31	58	90	-		
6	100	42	37	53	85	-	30	
7	105	40	42	50	80	-		
8	110	38	44	48	75	-		
9	115	36	46	44	70	-		
10	120	35	48	40	65	-		
11	130	32	52	37	60	-	40	
12	135	31	56	34	55	-		
13	140	30	60	30	50	-		
14	145	29	62	26	45	-		
15	150	28	65	24	40	-		
16	155	27	68	22	35	-	60	
17	170	25	73	22	32	-		
18	175	24	75	20	30	-		
19	180	23	78	20	30	45		
20	190	22	82	20	30	42		
21	200	21	86	18	28	42	90	
22	210	20	90	18	28	40		
23	220	19	94	18	25	40		
24	225	18,5	98	16	25	40		
25	235	18	102	16	22	38		
26	250	17	106	16	22	35		
27	255	16,5	108	15	22	35		
28	265	16	112	15	22	32		
29	275	15	116	12	20	32		
30	285	14,5	120	12	20	30		

3. Schnitt: Nur bei Teilung über 18π

Einrichten: Diese Werte sind zu dividieren durch die Zahl der anzufertigenden Räder.

Beispiel: 1 Stirnrad aus Stahlguß, Mod. 15, 140 mm breit, 35 Zähne, mit 2 Schnitten fräsen.

Zeit für den 1. Schnitt in Min. $T_1 = \frac{(140 + 65) \cdot 35}{24}$. = 299 Min.

„ „ „ 2. „ „ „ $T_2 = \frac{(140 + 65) \cdot 35}{40}$. = 179 „

Einrichten der Maschine . . . . = ca. 40 „

Auf- und Abspannen des Rades . . . . = „ 12 „

530 Min.

Minutliche Umdrehungszahl des Fräsers $n = \frac{4200}{\text{Fräser-Durchm.}}$

TABELLE 61.

Das Fräsen von Stirnrädern nach dem automatischen Teilverfahren.

Werkstück: Weicher Stahl, Gußeisen und Bronze.

Fräser: Schnellschnittstahl.

Modul	Fräser Ø in mm	Umdrehungen des Fräsers p. Min. n	Zusatz-Breite mm	Vorschub pro Minute in mm			Einrichten d. Maschine ca. Min.	Aufspannen pro Rad ca. Min.
				1. Schnitt	2. Schnitt	3. Schnitt		
1	50	104	13	92	102	-		5 - 45 Minuten je nach Grösse des Rades.
2	60	86	18	86	100	-		
3	70	74	23	82	98	-	20	
4	80	65	27	78	95	-		
5	90	57	31	74	92	-		
6	100	52	37	70	88	-		
7	105	49	42	66	82	-		
8	110	47	44	62	78	-	30	
9	115	45	46	58	75	-		
10	120	43	48	54	72	-		
11	130	40	52	50	68	-		
12	135	38	56	46	65	-		
13	140	37	60	42	62	-	40	
14	145	36	62	36	60	-		
15	150	35	65	32	55	-		
16	155	33	68	30	50	-		
17	170	30	73	30	46	-		
18	175	30	75	28	45	-	60	
19	185	28	78	28	45	65		
20	190	27	82	28	45	65		
21	200	26	86	25	42	62		
22	210	25	90	25	42	60		
23	220	24	94	25	40	60		
24	225	23	98	22	40	60		
25	235	22	102	22	35	55	90	
26	250	21	106	22	32	52		
27	255	20	108	20	32	50		
28	265	19	112	20	32	50		
29	275	19	116	18	30	45		
30	285	18	120	18	30	45		

3. Schnitt: Nur bei Teilungen über 18π

Einrichten: Diese Werte sind zu dividieren durch die Zahl der anzufertigenden Räder.

Beispiel: 1 Stirnrad aus Bronze, Mod. 15, 140 mm breit, 35 Zähne mit 2 Schnitten fräsen.

Zeit für den 1. Schnitt in Min. $T_1 = \frac{(140 + 65) \cdot 35}{32} = 224$ Min.

„ „ „ 2. „ „ „ $T_2 = \frac{(140 + 65) \cdot 35}{55} = 130$ „

Einrichten der Maschine . . . . = ca. 40 „

Auf- und Abspannen des Rades . . . . = „ 12 „

406 Min.

Minutliche Umdrehungszahl des Fräsers $n = \frac{5200}{\text{Fräser-Durchm.}}$

TABELLE 62.

Das Fräsen von Stirnrädern nach dem automatischen Teilverfahren.

Werkstück: Nickelstahl, S.-M.-Stahl u. Stahlguß von 50—60 kg Festigkeit.
Fräser: Werkzeug-Gußstahl.

Modul	Fräser Ø in mm	Umdrehungen des Fräsers p. Min. n	Zusatz-Breite mm	Vorschub pro Minute in mm			Einrichten d. Maschine ca. Min.	Aufspannen pro Rad ca. Min.
				1. Schnitt	2. Schnitt	3. Schnitt		
1	50	64	13	60	68	-		
2	60	53	18	56	68	-		
3	70	45	23	50	64	-	20	
4	80	40	27	43	64	-		
5	90	35	31	39	60	-		
6	100	32	37	35	55	-		
7	105	30	42	32	50	-		
8	110	29	44	30	45	-	30	
9	115	28	46	27	42	-		
10	120	27	48	24	38	-		
11	130	25	52	23	35	-		
12	135	24	56	22	32	-		
13	140	23	60	20	30	-	40	
14	145	22	62	18	28	-		
15	150	21	65	16	27	-		
16	155	20,5	68	15	23	-		
17	170	19	73	15	21	-		
18	175	18	75	13	20	-	60	
19	185	17	78	13	20	30		
20	190	16,5	82	13	20	28		
21	200	16	86	12	19	28		
22	210	15	90	12	19	27		
23	220	14,5	94	12	17	27		
24	225	14	98	11	17	27		
25	235	13,5	102	11	15	25	90	
26	250	13	106	11	15	23		
27	255	12,5	108	10	15	23		
28	265	12	112	10	15	21		
29	275	11,5	116	8	13	21		
30	285	11	120	8	13	20		

3. Schnitt: Nur bei Teilungen über 18 π

Einrichten: Diese Werte sind zu dividieren durch die Zahl der anzufertigenden Räder.

Aufspannen: 5 - 45 Minuten je nach Grösse des Rades.

Beispiel: 1 Stirnrad aus Stahlguß, Mod. 15, 140 mm breit, 35 Zähne, mit 2 Schnitten fräsen.

Zeit für den 1. Schnitt in Min. $T_1 = \frac{(140 + 65) \cdot 35}{16} = 449$ Min.

„ „ „ 2. „ „ „ $T_2 = \frac{(140 + 65) \cdot 35}{27} = 266$ „

Einrichten der Maschine . . . . = ca. 40 „

Auf- und Abspannen des Rades . . . . = „ 12 „

767 Min.

Minutliche Umdrehungszahl des Fräsers $n = \frac{3200}{\text{Fräser-Durchm.}}$

TABELLE 63.

Das Fräsen von Stirnrädern nach dem automatischen Teilverfahren.

Werkstück: Weicher Stahl, Gußeisen und Bronze.
Fräser: Werkzeug-Gußstahl.

Modul	Fräser Ø in mm	Umdrehungen des Fräsers p. Min. n	Zusatz-Breite mm	Vorschub pro Minute in mm			Einrichten d. Maschine ca. Min.	Aufspannen des Rades ca. Min.
				1. Schnitt	2. Schnitt	3. Schnitt		
1	50	80	13	68	80	- (Nur bei Teilungen über 18 π)	20 (Diese Werte sind zu dividieren durch die Zahl der anzufertigenden Räder.)	5 - 45 Minuten je nach Grösse des Rades.
2	60	67	18	63	76	-		
3	70	57	23	58	72	-		
4	80	50	27	54	68	-		
5	90	45	31	50	65	-		
6	100	40	37	46	63	-	30	
7	105	38	42	43	60	-		
8	110	36	44	40	56	-		
9	115	35	46	38	53	-		
10	120	33	48	35	50	-		
11	130	31	52	32	48	-	40	
12	135	30	56	30	45	-		
13	140	29	60	28	42	-		
14	145	28	62	25	39	-		
15	150	27	65	22	36	-		
16	155	26	68	20	33	-	60	
17	170	24	73	20	31	-		
18	175	23	75	19	30	-		
19	185	22	78	19	30	43		
20	190	21	82	19	30	43		
21	200	20	86	17	28	41	90	
22	210	19	90	17	28	40		
23	220	18	94	17	27	40		
24	225	18	98	15	27	40		
25	235	17	102	15	23	37		
26	250	16	106	15	21	35		
27	255	16	108	13	21	33		
28	265	15	112	13	21	33		
29	275	14	116	12	20	30		
30	285	14	120	12	20	30		

Beispiel: 1 Stirnrad aus Bronze, Mod. 15, 140 mm breit, 35 Zähne, mit 2 Schnitten fräsen.

Zeit für den 1. Schnitt in Min. $T_1 = \frac{(140 + 65) \cdot 35}{22}$. = 326 Min.

„ „ „ 2. „ „ „ $T_2 = \frac{(140 + 65) \cdot 35}{36}$. = 199 „

Einrichten der Maschine . . . . = ca. 40 „

Auf- und Abspannen des Rades . . . . = „ 12 „

577 Min.

Minutliche Umdrehungszahl des Fräsers $n = \frac{4000}{\text{Fräser-Durchm.}}$

Abwälzverfahren für Stirnräder.

Beim Fräsen von Stirnrädern nach dem Abwälzverfahren ist der Arbeitsvorgang ein wesentlich anderer. Die Zahnlücke wird nicht durch einen scheibenförmigen, sondern durch einen schneckenförmigen Fräser hergestellt, woraus sich ergibt, daß auch das zu fräsende Rad während des Fräsvorganges sich in beständiger, zwangläufiger Drehung befinden muß: siehe Abbildung 67.

Automatische Stirnräder-Fräsmaschine (Abwälzverfahren).

Abb. 67.

Beim Fräsen nach dem Abwälzverfahren geschieht die Berechnung der Laufzeit nach folgender Formel:

Zeit für den 1. Schnitt in Min.

$$T_1 = \frac{[\text{Radbreite} + \text{Zusatzbreite}] \times \text{Zähnezahl}}{\text{Vorschub pro Radumdrehung} \times \text{Umdrehg. des Fräsers pro Min.}}$$

Zeit für den 2. Schnitt in Min.

$$T_2 = \frac{[\text{Radbreite} + \tfrac{1}{2}\,\text{Zusatzbreite}] \times \text{Zähnezahl}}{\text{Vorschub pro Radumdrehung} \times \text{Umdrehg. des Fräsers pro Min.}}$$

Zeit für den 3. Schnitt in Min.

$$T_3 = \frac{[\text{Radbreite} + \tfrac{1}{4}\,\text{Zusatzbreite}] \times \text{Zähnezahl}}{\text{Vorschub pro Radumdrehung} \times \text{Umdrehg. des Fräsers pro Min.}}$$

Für die Laufzeitberechnung geben die nächsten Tabellen alle nötigen Werte.

Die Zusatzbreite und die Umdrehungszahlen des Fräsers sind in derselben Weise zu berechnen, wie beim Fräsen nach dem automatischen Teilverfahren. Jedoch der Vorschub ist auf die Umdrehung des Rades zu beziehen.

Für Modul 1—6 genügt meistens 1 Schnitt. Bei diesen kleinen Teilungen ist ein 2. Schnitt nur dann erforderlich, wenn an das zu fräsende Rad erhebliche Anforderungen in bezug auf hohe Tourenzahl oder geräuschlosen Gang gestellt werden.

Für große Teilungen über 14 π empfiehlt sich auch hier die Verwendung von Vorschrotfräsern, um das Profil des Fertigfräsers zu schonen.

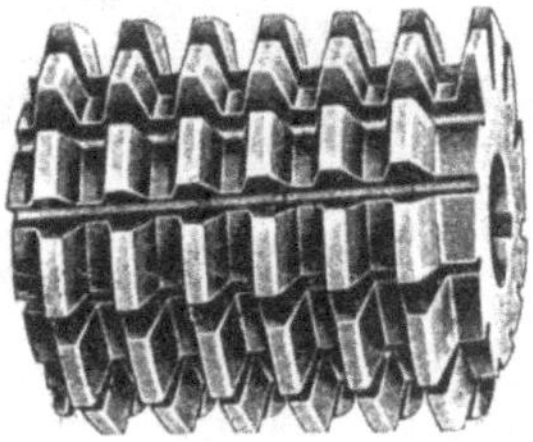

Schneckenförmiger Fräser für Stirnräder (Abwälzverfahren).

Abb. 63.

TABELLE 64.

Das Fräsen von Stirnrädern nach dem Abwälzverfahren.

Werkstück: Chrom-Nickelstahl von 80 kg Festigkeit.
Fräser: Schnellschnittstahl.

Modul	Fräser-Ø in mm	Umdrehungen des Fräsers p. Min. n	Zusatz-Breite mm	Vorschub p. Rad-Umdrehung in mm			Einrichten d. Maschine ca. Min.	Aufspannen pro Rad ca. Min.
				1. Schnitt	2. Schnitt	3. Schnitt		
1	60	53	14	1,8	3,6	Nur bei Teilungen über 18 π	Diese Werte sind zu dividieren durch die Anzahl der anzufertigenden gleichen Räder	5 - 15 Minuten je nach Grosse des Rades.
2	65	49	18	1,8	3,2			
3	70	45	23	1,8	3,2		20	
4	80	40	27	1,6	2,7			
5	90	35	31	1,6	2,7			
6	100	32	37	1,6	2,7			
7	110	29	44	1,6	2,7			
8	115	28	46	1,6	2,7		30	
9	120	27	48	1,4	2,5			
10	130	25	52	1,4	2,5			
11	140	23	56	1,4	2,3			
12	150	22	60	1,4	2,3			
13	155	21	62	1,4	2,3		40	
14	160	20	64	1,4	2,3			
15	170	19	68	0,9	1,8			
16	180	18	74	0,9	1,8			
17	190	17	78	0,9	1,8			
18	200	16	82	0,9	1,8		60	
19	210	15,5	86	0,65	2,3	3,2		
20	215	15	90	0,65	2,3	3,2		
22	220	14,5	94	0,65	2,3	3,2		
23	225	14	98	0,65	2,3	3,2		
26	245	13	104	0,65	1,8	2,7	90	
28	265	12	112	0,65	1,8	2,7		
30	285	11	120	0,65	1,8	2,7		

Beispiel: 1 Stirnrad aus Chrom-Nickelstahl von 80 kg Festigkeit, Mod. 8, 80 mm breit, 50 Zähne, mit 2 Schnitten fräsen.

Zeit für den 1. Schnitt in Min. $T_1 = \frac{(80 + 46) \cdot 50}{1{,}6 \cdot 28}$ . . = 140 Min.

" " " 2. " " " $T_2 = \frac{(80 + 23) \cdot 50}{2{,}7 \cdot 28}$ . . = 68 "

Einrichten der Maschine . . . . = ca. 30 "

Auf- und Abspannen des Rades . . . . = " 10 "

248 Min.

Minutliche Umdrehungszahl des Fräsers $n = \frac{3200}{\text{Fräser-Durchm.}}$

TABELLE 65.

Das Fräsen von Stirnrädern nach dem Abwälzverfahren.

Werkstück: Chrom-Nickelstahl von 70 kg Festigkeit.

Fräser: Schnellschnittstahl.

Modul	Fräser-Ø in mm	Umdrehungen des Fräsers p. Min. n	Zusatz-Breite mm	Vorschub p. Rad-Umdrehung in mm 1. Schnitt	2. Schnitt	3. Schnitt	Einrichten d. Maschine ca. Min.	Aufspanen pro Rad ca. Min.
1	60	58	14	1,9	3,8	Nur bei Teilungen über 18 π	Diese Werte sind zu dividieren durch die Anzahl der anzufertigenden gleichen Räder	5 - 45 Minuten je nach Grosse des Rades
2	65	54	18	1,9	3,3			
3	70	50	23	1,9	3,3		20	
4	80	44	27	1,65	2,8			
5	90	39	31	1,65	2,8			
6	100	35	37	1,65	2,8			
7	110	32	44	1,65	2,8			
8	115	31	46	1,65	2,8		30	
9	120	29	48	1,45	2,6			
10	130	27	52	1,45	2,6			
11	140	25	56	1,45	2,4			
12	150	24	60	1,45	2,4			
13	155	23	62	1,45	2,4		40	
14	160	22	64	1,45	2,4			
15	170	21	68	0,95	1,9			
16	180	20	74	0,95	1,9			
17	190	18,5	78	0,95	1,9			
18	200	17,5	82	0,95	1,9		60	
19	210	17	86	0,7	2,4	3,3		
20	215	16,5	90	0,7	2,4	3,3		
22	220	16	94	0,7	2,4	3,3		
24	225	15,5	98	0,7	2,4	3,3		
26	245	14,5	104	0,7	1,9	2,8	90	
28	265	13,5	112	0,7	1,9	2,8		
30	285	12,5	120	0,7	1,9	2,8		

Beispiel: 1 Stirnrad aus Chrom-Nickelstahl von 70 kg Festigkeit, Mod. 8, 80 mm breit, 50 Zähne, mit 2 Schnitten fräsen.

Zeit für den 1 Schnitt in Min. $T_1 = \frac{(80+46) \cdot 50}{1,65 \cdot 31}$. = 123 Min

" " " 2. " " " $T_2 = \frac{(80+23) \cdot 50}{2,8 \cdot 31}$ = 59 "

Einrichten der Maschine . . . . = ca. 30 "

Auf- und Abspannen des Rades . . . . = " 10 "

222 Min

Minutliche Umdrehungszahl des Fräsers $n = \frac{3500}{\text{Fräser-Durchm.}}$

TABELLE 66.

Das Fräsen von Stirnrädern nach dem Abwälzverfahren.

Werkstück: Nickelstahl, S.-M.-Stahl und Stahlguß von 50—60 kg Festigkeit.
Fräser: Schnellschnittstahl.

Modul	Fräser Ø in mm	Umdrehungen des Fräsers p. Min. n	Zusatz-Breite mm	Vorschub p. Rad-Umdrehung in mm			Einrichten d. Maschine ca. Min.	Aufspannen pro Rad ca. Min.
				1. Schnitt	2. Schnitt	3. Schnitt		
1	60	70	14	2	4	-		5 - 45 Minuten je nach Grosse des Rades
2	65	65	18	2	3,5	-		
3	70	60	23	2	3,5	-	20	
4	80	52	27	1,75	3	-		
5	90	46	31	1,75	3	-		
6	100	42	37	1,75	3	-		
7	110	38	44	1,75	3	-		
8	115	36	46	1,75	3	-	30	
9	120	35	48	1,5	2,75	-		
10	135	31	52	1,5	2,75	-		
11	140	30	56	1,5	2,5	-		
12	150	28	60	1,5	2,5	-		
13	155	27	62	1,5	2,5	-	40	
14	160	26	64	1,5	2,5	-		
15	170	25	68	1	2	-		
16	180	23	74	1	2	-		
17	190	22	78	1	2	-		
18	200	21	82	1	2	-	60	
19	210	20	86	0,75	2,5	3,5		
20	215	19	90	0,75	2,5	3,5		
22	220	19	94	0,75	2,5	3,5		
24	225	18	98	0,75	2,5	3,5		
26	245	17	104	0,75	2	3	90	
28	265	16	112	0,75	2	3		
30	285	15	120	0,75	2	3		

3. Schnitt: Nur bei Teilungen über 18 π

Einrichten: Diese Werte sind zu dividieren durch die Zahl der anzufertigenden Räder.

Beispiel: 1 Stirnrad aus Stahlguß, Mod. 8, 80 mm breit, 50 Zähne, mit 2 Schnitten fräsen.

Zeit für den 1. Schnitt in Min. $T_1 = \frac{(80 + 46) \cdot 50}{1,75 \cdot 36}$ . . = 100 Min.

" " " 2. " " " $T_2 = \frac{(80 + 23) \cdot 50}{3 \cdot 36}$ . . = ~ 48 "

Einrichten der Maschine . . . . = ca. 30 "

Auf- und Abspannen des Rades . . . . = " 10 "

188 Min.

Minutliche Umdrehungszahl des Fräsers $n = \frac{4200}{\text{Fräser-Durchm.}}$

TABELLE 67.

Das Fräsen von Stirnrädern nach dem Abwälzverfahren.

Werkstück: Weicher Stahl, Gußeisen und Bronze.
Fräser: Schnellschnittstahl.

Modul	Fräser Ø in mm	Umdrehungen des Fräsers p. Min. n	Zusatz-Breite mm	Vorschub p. Rad-Umdrehung in mm			Einrichten d. Maschine ca. Min.	Aufspannen pro Rad ca. Min.
				1. Schnitt	2. Schnitt	3. Schnitt		
1	60	85	14	2,5	4,5	- (Nur die Teilungen über 18 π)	(Diese Werte sind zu dividieren durch die Zahl der anzufertigenden Räder.)	5 - 45 Minuten je nach Grösse des Rades.
2	65	80	18	2,5	4,5	-		
3	70	74	23	2,5	4,5	-	20	
4	80	65	27	2,5	4,5	-		
5	90	58	31	2	4	-		
6	100	52	37	2	4	-		
7	110	47	44	2	4	-		
8	115	45	46	2	4	-	30	
9	120	43	48	2	3,5	-		
10	130	40	52	2	3,5	-		
11	140	37	56	2	3	-		
12	150	34	60	2	3	-		
13	155	33	62	2	3	-	40	
14	160	32	64	2	3	-		
15	170	30	68	2	3	-		
16	180	29	74	1,5	2,5	-		
17	190	27	78	1,5	2,5	-		
18	200	26	82	1,5	2,5	-	60	
19	210	25	86	1	3	4		
20	215	24	90	1	3	4		
22	220	23	94	1	3	4		
24	225	23	98	1	3	4		
26	245	21	104	0,75	3	4	90	
28	265	20	112	0,5	3	4		
30	285	18	120	0,5	3	4		

Beispiel: 1 Stirnrad aus Bronze, Mod. 8, 80 mm breit, 50 Zähne, mit 2 Schnitten fräsen.

Zeit für den 1. Schnitt in Min. $T_1 = \frac{(80 + 46) \cdot 50}{2 \cdot 45}$ . . = 70 Min.

" " " 2. " " " $T_2 = \frac{(80 + 23) \cdot 50}{4 \cdot 45}$ . . = 29 "

Einrichten der Maschine . . . . = ca. 30 "

Auf- und Abspannen des Rades . . . . = " 10 "

139 Min.

Minutliche Umdrehungszahl des Fräsers $n = \frac{5200}{\text{Fräser-Durchm.}}$

TABELLE 68.

Das Fräsen von Stirnrädern nach dem Abwälzverfahren.

Werkstück: Nickelstahl, S.-M.-Stahl und Stahlguß von 50—60 kg Festigkeit.
Fräser: Werkzeug-Gußstahl.

Modul	Fräser Ø in mm	Umdrehungen des Fräsers p. Min. r	Zusatz-Breite mm	Vorschub p. Rad-Umdrehung in mm			Einrichten d. Maschine ca. Min.	Aufspannen pro Rad ca. Min.
				1. Schnitt	2. Schnitt	3. Schnitt		
1	60	53	14	1,3	2,6	- (Nur bei Teilungen über 18 π)	(Diese Werte sind zu dividieren durch die Zahl der anzufertigenden Räder.)	5 - 45 Minuten je nach Grösse des Rades.
2	65	49	18	1,3	2,5	-		
3	70	46	23	1,3	2,5	-	20	
4	80	40	27	1,2	2,5	-		
5	90	35	31	1,2	2,5	-		
6	100	32	37	1,2	2,5	-		
7	110	29	44	1,2	2,5	-		
8	115	28	46	1,2	2,5	-	30	
9	120	27	48	1	2,25	-		
10	135	24	54	1	2,25	-		
11	140	23	56	1	2	-		
12	150	21	60	1	2	-		
13	155	20	62	1	2	-	40	
14	160	19	64	1	2	-		
15	170	19	68	1	1,75	-		
16	180	18	74	1	1,75	-		
17	190	17	78	0,8	1,75	-		
18	200	16	82	0,75	1,75	-	60	
19	210	15	86	0,75	2,25	3,25		
20	215	15	90	0,75	2,25	3,25		
22	220	14	94	0,75	2,25	3		
24	225	14	98	0,75	2,25	3		
26	245	13	104	0,75	1,75	2,5	90	
28	265	12	112	0,75	1,75	2,5		
30	285	11	120	0,75	1,75	2,5		

Beispiel: 1 Stirnrad aus Stahlguß, Mod. 8, 80 mm breit, 50 Zähne, mit 2 Schnitten fräsen.

Zeit für den 1. Schnitt in Min, $T_1 = \frac{(80 + 46) \cdot 50}{1,2 \cdot 28}$ . . = 188 Min.

„ „ „ 2. „ „ „ $T_2 = \frac{(80 + 23) \cdot 50}{2,5 \cdot 28}$ . . = 74 „

Einrichten der Maschine . . . . = ca. 30 „

Auf- und Abspannen des Rades . . . . = „ 10 „

302 Min.

Minutliche Umdrehungszahl des Fräsers $n = \frac{3200}{\text{Fräser-Durchm.}}$

TABELLE 69.

Das Fräsen von Stirnrädern nach dem Abwälzverfahren.

Werkstück: Weicher Stahl, Gußeisen und Bronze.

Fräser: Werkzeug-Gußstahl.

Modul	Fräser Ø in mm	Umdrehungen des Fräsers p. Min. n	Zusatz-Breite mm	Vorschub p. Rad-Umdrehung in mm			Einrichten d. Maschine ca. Min.	Aufspannen pro Rad ca. Min.
				1. Schnitt	2. Schnitt	3. Schnitt		
1	60	66	14	1,7	3	- (Nur bei Teilungen über 18 π)	20 (Diese Werte sind zu dividieren durch die Zahl der anzufertigenden Räder.)	5 - 45 Minuten je nach Grösse des Rades.
2	65	61	18	1,7	3	-		
3	70	57	23	1,7	3	-		
4	80	50	27	1,7	3	-		
5	90	44	31	1,3	3,5	-		
6	100	40	37	1,3	3,5	-	30	
7	110	36	44	1,3	3,5	-		
8	115	35	46	1,3	3,5	-		
9	120	33	48	1,3	3,25	-		
10	130	31	52	1,3	3,25	-		
11	140	29	56	1,3	3	-	40	
12	150	27	60	1,3	3	-		
13	155	26	62	1,3	3	-		
14	160	25	64	1,3	3	-		
15	170	23	68	1,2	2,5	-		
16	180	22	74	1,2	2,25	-	60	
17	190	21	78	1,2	2,25	-		
18	200	20	82	1	2,25	-		
19	210	19	86	1	2,75	3,75		
20	215	19	90	1	2,75	3,75		
22	220	18	94	1	2,75	3,75	90	
24	225	18	98	1	2,75	3,75		
26	245	16	104	0,75	2,5	3,5		
28	265	15	112	0,75	2,5	3,25		
30	285	14	120	0,75	2,25	3		

Beispiel: 1 Stirnrad aus Bronze, Mod. 8, 80 mm breit, 50 Zähne, mit 2 Schnitten fräsen.

Zeit für den 1. Schnitt in Min. $T_1 = \frac{(80 + 46) \cdot 50}{1{,}3 \cdot 35}$ . . = 138 Min.

„ „ „ 2. „ „ „ $T_2 = \frac{(80 + 23) \cdot 50}{3{,}5 \cdot 35}$ . . = 42 „

Einrichten der Maschine . . . . = ca. 30 „

Auf- und Abspannen des Rades . . . . = „ 10 „

220 Min.

Minutliche Umdrehungszahl des Fräsers $n = \frac{4000}{\text{Fräser-Durchm.}}$

TABELLE 70.

Zahn- resp. Frästiefen an Stirn- und Schneckenrädern nach Modulteilung.

Tiefe = Mod. × 2,167

Modul	Zahntiefe mm	Modul	Zahntiefe mm	Modul	Zahntiefe mm
1	2,17	11	23,88	21	45,5
2	4,33	12	26	22	47,67
3	6,5	13	28,17	23	50
4	8,67	14	30,33	24	52,2
5	10,83	15	32,5	25	54,4
6	13	16	34,67	26	56,5
7	15,17	17	36,83	27	58,7
8	17,32	18	39	28	60,9
9	19,5	19	41,17	29	63
10	21,67	20	43,33	30	65,2

7. Das Fräsen von Schnecken.

Das Fräsen von Schnecken auf der Schneckenfräsmaschine stellt sich wesentlich billiger als die Herstellung auf der Drehbank. Besonders der Umstand, daß von einem Arbeiter mehrere Schneckenfräsmaschinen gleichzeitig bedient werden können, hat zur Folge, daß das Fräsen von Schnecken nur einen Bruchteil des Arbeitslohnes für das Schneiden auf der Drehbank erfordert.

Die Berechnung der Schnecken erfolgt ebenso wie bei den Stirnrädern nach dem Modul.

Die Steigung der eingängigen Schnecke ist also gleich der Teilung, die der 2 gängigen gleich der doppelten, die Steigung der 3 gängigen gleich der 3 fachen Teilung u. s. f.

Bei einer 3 gängigen Schnecke, Modul 18,

ist die Teilung $= 18 \quad \pi = 56{,}5$ mm,

die Steigung dagegen $= 18 \quad \pi \quad 3 = 169{,}5$ mm.

Die Zahnstärke ist bei normalen Schnecken $= \dfrac{\text{Teilung,}}{2}$

die Zahntiefe ist = Modul × 2,16,

die Kopfhöhe ist = Modul.

Die Schnittgeschwindigkeit für Schneckenfräser aus Schnellschnittstahl beträgt ca. 15 m/Min., bei Bearbeitung von SM-Stahl von

50—70 kg Festigkeit. Die minutliche Umdrehungszahl der Schneckenfräser berechnet man nach der Formel

$$n = \frac{4800}{\text{äußeren Fräser Durchm.}}$$

Da bis jetzt keine Normalien für diese Fräser bestehen, und die Durchmesser derselben in den verschiedenen Betrieben stark voneinander abweichen, so läßt sich keine Normaltabelle, ähnlich der für die Zahnräderfräserei, aufstellen. — Die Zusatzwerte für den Anschnitt des Fräsers sind einzusetzen nach folgender Tabelle Nr 71

TABELLE 71.

Zusatzwerte für den Anschnitt des Fräsers beim Fräsen von Schnecken.

Bei 1 gängigen Schnecken	Bei 2 und 3 gängigen Schnecken	Bei 4 und 5 gängigen Schnecken
	Schneckenlänge plus	
Teilung × 0,75	Teilung × 1	Teilung × 1,3

Für das Einrichten der Maschine rechnet man 45 Min., die natürlich zu dividieren sind durch die Anzahl der zu fräsenden gleichen Schnecken.

In diesen 45 Minuten ist die Zeit für das Anstellen des 1. Schnittes einbegriffen, für jeden weiteren Schnitt, bzw bei mehr gängigen Schnecken für jeden weiteren Gang und Schnitt sind je 6 Minuten einzurechnen.

Für das Auf- und Abspannen einer Schnecke genügen 5—10 Minuten.

TABELLE 72.

Vorschub pro Minute für S.-M.-Stahl von 50 – 70 kg Festigkeit.

(Vorschub am Umfang der Schnecke gemessen.)

Modul	1 Schnitt	Modul	1. Schnitt	2. Schnitt	Modul	1. Schnitt	2. Schnitt	3. Schnitt
	mm		mm	mm		mm	mm	mm
2	15—16	14	10	12	22	6	7	9
4	12—14	16	9	10	24	5	6	8
6	10—12	18	8	9	26	4	5	7
8	9—10	20	7	8	28	4	4	6
10	8—9							
12	7—8							

Bis Modul 12 genügt in der Regel 1 Schnitt,
für „ 14—20 sind 2 Schnitte erforderlich.
über „ 20 3 „ „

Es sei d = äußerer Schneckendurchmesser in mm,
l = Schneckenlänge in mm,
t = Teilung (Modul $\cdot \pi$),
s = Vorschub i. d. Minute.

Dann lautet die Formel für die Berechnung der Laufzeit:

$$T \text{ in Min.} = \frac{d \cdot \pi \;\, l}{s \cdot t}$$

Beispiel 1: Eine Schnecke Modul 6 ($t = 18{,}85$), 1 gängig, 65 mm Durchmesser, 90 mm lang, ist mit 1 Schnitt zu fräsen; $s = 12$ mm.

Zeit in Min. $T = \frac{65 \cdot \pi (90 + 14)}{12 \cdot 18{,}85} = \frac{65 \cdot \pi \cdot 104}{12 \cdot 18{,}85}$. = 94 Min.
Einrichten der Maschine für 1 Schnecke . . . . = 45 „
Auf- und Abspannen . . . . = 5 „

144 Min.

In dieser Rechnung stellt die Zahl 14 den Zusatzwert für den Anschnitt des Fräsers dar, siehe Tabelle Nr. 71:

Zusatzwert für 1 gängige Schnecken =
Teilung $\times$ 0,75 = 18,85 $\cdot$ 0,75 = 14 mm.

Beispiel 2: Eine Schnecke Modul 18 ($t = 56{,}5$), 3 gängig, 140 mm Durchm., 180 lang mit 2 Schnitten fräsen; 1. Schnitt $s = 8$ mm, 2. Schnitt $s = 9$ mm/Min.

Laufzeit für den 1. Schnitt durch 3 Gänge:

Zeit in Min. $T = \frac{140 \cdot \pi \cdot (180 + 56{,}5)}{8 \cdot 56{,}5} = \frac{140 \cdot \pi \cdot 236{,}5}{8 \cdot 56{,}5}$ = 230 Min.

Laufzeit für den 2. Schnitt durch 3 Gänge:

Zeit in Min. $T = \frac{140 \cdot \pi \cdot 236{,}5}{9 \cdot 56{,}5}$ . . . . = 204 „
Einrichten der Maschine für 1 Schnecke . . . . . = 45 „
2 mal den 1. Schnitt und
3 „ „ 2. „ anstellen } = 5 mal 6 Minuten . = 30 „
Auf- und Abspannen . . . . = 8 „

517 Min.

Aus diesen beiden Aufgaben geht hervor, daß die Art der Zeitberechnung für ein- und mehrgängige Schnecken gleich ist, wenn nicht die Steigung, sondern die Teilung der Schnecke zugrunde gelegt wird.

In dem 2. Beispiel ist die Teilung $= 18 \cdot \pi = 56{,}5$, die Steigung dagegen $= 18 \cdot \pi \cdot 3 = 169{,}5$.

Würde man der Zeitberechnung nun die Steigung zugrunde legen, dann müßte die Formel lauten:

$$T = \frac{140 \cdot \pi \cdot 236{,}5 \cdot 3}{8 \cdot 169{,}5} \quad \ldots\ldots\ldots \quad = 230 \text{ Min.}$$

Das Resultat bleibt also in beiden Fällen gleich.

8. Das Fräsen von Schneckenrädern.

Beim Fräsen von Schneckenrädern unterscheidet man zwei von einander abweichende Verfahren.

1. Das Tangentialverfahren (auch Achsial-Verfahren genannt) und
2. das Radialverfahren.

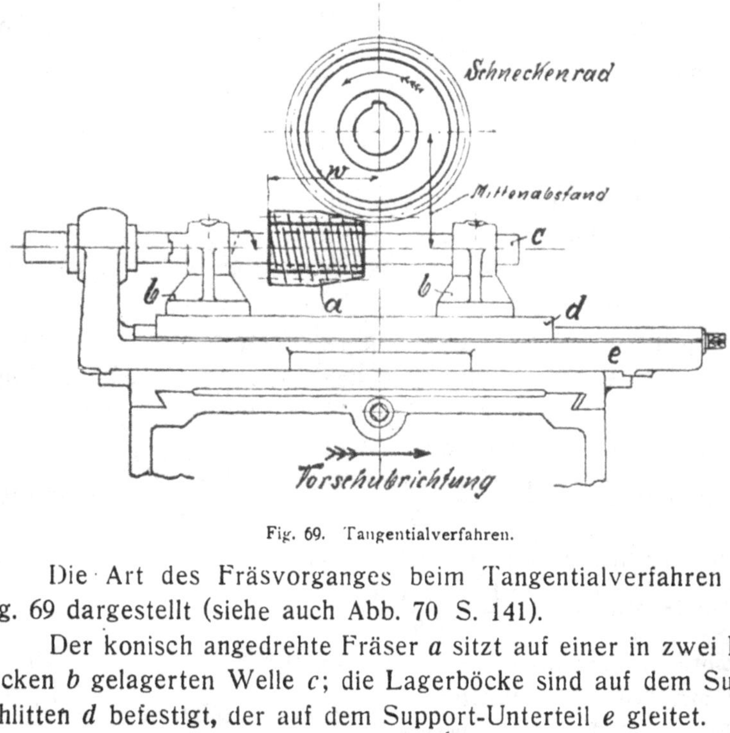

Fig. 69. Tangentialverfahren.

Die Art des Fräsvorganges beim Tangentialverfahren ist in Fig. 69 dargestellt (siehe auch Abb. 70 S. 141).

Der konisch angedrehte Fräser *a* sitzt auf einer in zwei Lagerböcken *b* gelagerten Welle *c*; die Lagerböcke sind auf dem Supportschlitten *d* befestigt, der auf dem Support-Unterteil *e* gleitet.

I. Beim Fräsen nach dem T a n g e n t i a l v e r f a h r e n erfolgt der Vorschub des Fräsers tangential zum Schneckenrad. Der Teilkreis-Durchmesser des Fräsers muß stets mit dem der Schnecke übereinstimmen, weil sonst der Steigungswinkel des Rades von dem der Schnecke abweicht. Mit Rückicht auf diesen Umstand wird in den Maschinenfabriken auf möglichst gleichmäßige Durchbildung der Schneckenkonstruktionen großer Wert gelegt, da andernfalls für jede abweichende Schnecke auch ein entsprechender Fräser angefertigt werden muß, der dann nach vielleicht einmaligem Gebrauch auf Jahre hinaus totes Kapital*) darstellt.

Bei der Berechnung der Laufzeit ist die Länge des Vorschubweges *W*, den der Fräser zurücklegen muß, von Fall zu Fall an Hand einer maßstäblichen Zeichnung bzw. an dem zu fräsenden Rade selbst festzustellen, und zwar unter Berücksichtigung der Länge des Fräsers.

Automatische Schneckenräder-Fräsmaschine (tangential).
Abb. 70.

Der Fräser-Vorschubweg ist bei jeder Zähnezahl und Teilung verschieden.

Die Umfangsgeschwindigkeit des Fräsers bleibt auch bei mehrgängigen Schneckenrädern dieselbe wie bei den eingängigen, jedoch die Umfangsgeschwindigkeit des Rades ist bei doppelgängigen Rädern doppelt, bei 3 gängigen 3 mal so groß als bei eingängigen u. s. f., das heißt, das Rad dreht sich dann 2 resp. 3 mal so schnell durch den Fräser wie ein eingängiges Rad.

Die Leistung des Fräsers bzw. der Fräsmaschine steigt aber nicht in demselben Verhältnis, denn der Fräser-Vorschub steht im umgekehrten Verhältnis zu der Gangzahl des Schneckengewindes: je mehr Gänge das Gewinde hat, um so geringer muß der Vorschub gewählt werden. Die betreffenden Werte gibt die Tabelle Nr. 73 an. Schneckenräder werden fast ausnahmslos mit e i n e m Schnitt fertig gefräst; nur in ganz seltenen Fällen wird ein 2. Schnitt erforderlich

*) 1 Schneckenradfräser Mod. 10 kostete vor dem Kriege z. B. aus Werkzeugstahl angefertigt ca. 130 bis 160 Mk., aus Schnellschnittstahl sogar ca. 300 Mk.

sein, z. B. wenn die Schnittflächen des Fräsers infolge harter Stellen des Materials gelitten haben. In diesem Fall kann man den 2. Schnitt mit ca. 3 fachem Vorschub hindurchlaufen lassen.

Wenn G = Gangzahl des Gewindes
Z = Zähnezahl
W = Vorschubweg in mm
s = Vorschub pro Radumdrehung
n = Umdrehungen des Fräsers i. d. Minute,

dann ist die Laufzeit in Minuten

$$T = \frac{Z \; W}{s \; G \; n}$$

Alle zur Berechnung der Fräszeit erforderlichen Werte sind in der nächsten Tabelle enthalten.

TABELLE 73.

Das Fräsen von Schneckenrädern nach dem Tangential-Verfahren (auch Achsial-Verfahren genannt).

Modul	Äußerer Fräser Durchm mm	Umdrehung des Fräsers p. Min. n für Gußeisen	für Bronze	Steigung 1 fach mm	2 fach mm	3 fach mm	4 fach mm	Einrichten der Maschine Min.	Auf- u. Abspannen pro Rad Min.
				Vorschub des Fräsers p. Radumdrehung					
4	50	84	96	1,8	0,9	0,6	0,45	50	15
6	62	68	77	1,6	0,8	0,5	0,4		
8	80	52	60	1,5	0,75	0,5	0,35		
10	95	44	50	1,4	0,7	0,45	0,35		
12	110	38	43	1,4	0,7	0,45	0,35	60	25
14	120	35	40	1,2	0,6	0,4	0,3		
16	130	32	37	1	0,5	0,3	0,25		
18	140	30	34	1	0,5	0,3	0,25		
20	150	28	32	0,8	0,4	0,25	0,2	75	40
22	165	25	29	0,8	0,4	0,25	0,2		
24	185	23	26	0,6	0,3	0,2	0,15		
26	200	21	24	0,5	0,25	0,15	0,1		

Diese Werte sind zu dividieren durch die Anzahl der anzufertigenden, gleichen Räder.

Der Teilkreis-Durchmesser des Fräsers muß stets mit dem der Schnecke genau übereinstimmen, die in der Tabelle gegebenen Fräser-Durchmesser sind daher nur als Anhalts-Werte zu betrachten.

Die minutliche Umdrehungszahl des Fräsers ist zu berechnen nach der Formel:

$$n = \frac{4200}{\text{äuß. Fräser-Durchm.}} \text{ für Gußeisen } (v = 13 \text{ m/Min.})$$

$$n = \frac{4800}{\text{äuß. Fräser-Durchm.}} \text{ für Bronze } (v = 15 \text{ m/Min.})$$

Bei 3-, 4- und mehrgängigen Schneckenrädern empfiehlt es sich, die minutliche Umdrehungszahl des Fräsers je nach der Leistungsfähigkeit der Maschine und der Härte des Materials entsprechend zu reduzieren. Desgleichen sind die Vorschübe je nach Schnitthaltigkeit des Fräsers und der Härte des Materials zu reduzieren oder zu steigern. In den Zeitangaben der Tabelle für Einrichten der Maschine und für Auf- und Abspannen des Rades ist die Zeit für das Anstellen der Schnitte und das Wechseln des Vorschubes bereits enthalten.

Beispiel 1. 1 Schneckenrad fräsen aus Bronze, 25 Zähne, 6 π, 1 fach.

Laufzeit in Min. $T = \frac{25 \cdot [Z]\ 78\ [W]}{1{,}6\ [s]\ 1\ [G] \cdot 77\ [n]} =$ . .	1 Min.
Einrichten der Maschine für 1 Rad ca.	40 „
Auf- und Abspannen ca.	12 „
	68 Min.

Beispiel 2. 1 Schneckenrad fräsen aus Bronze, 36 Zähne, 18 π, 3 fach, bei Anfertigung von 6 Stück.

Laufzeit in Min. $T = \frac{36 \cdot 265\ [W]}{0{,}3 \cdot 3 \cdot 34} =$	312 Min.
Einrichten der Maschine 72 Min., pro Rad $= \frac{72}{6}$.	12 „
Auf- und Abspannen	25 „
	349 Min.

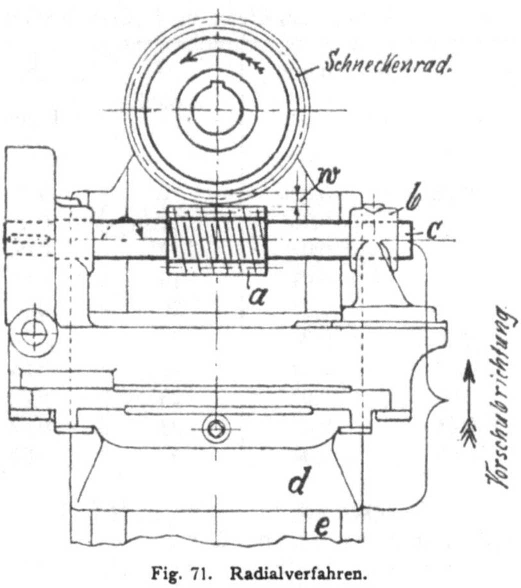

Fig. 71. Radialverfahren.

Der Fräsvorgang beim Radialverfahren ist in Fig. 71 dargestellt; der Unterschied gegenüber dem Tangentialverfahren liegt in der Richtung des Vorschubes.

II. Die Anwendung des Radialverfahrens ist auf ein- und doppelgängige Räder beschränkt. Eine einwandfreie Verzahnung ist mit diesem Verfahren nur bei eingängigen Rädern zu erzielen, schon bei 2gängigen Rädern treten Differenzen in der Teilung auf, und für 3- oder gar noch mehrgängige Räder ist das Radialverfahren überhaupt nicht mehr brauchbar Hier kommt nur das vorher beschriebene Tangentialverfahren in Frage.

Die minutliche Umdrehungszahl des Fräsers, die Zeiten für Auf- und Abspannen, Einrichten der Maschine usw sind dieselben wie beim Tangentialverfahren.

Eine Abweichung von diesem ist nur bei der Berechnung der Laufzeit zu beachten, weil der Vorschub hier in radialer Richtung erfolgt (siehe Fig. 71 S. 143).

Die Formel zur Berechnung der Laufzeit lautet

$$T \text{ in Min.} = \frac{\text{Zähnezahl} \times \text{Zahntiefe}}{\text{Vorschub pro Radumdrehg.} \times \text{Umdr d. Fräs. pr Min}}$$

Der Fräser-Durchmesser ist auch hier der Zeichnung zu entnehmen.

Die Zahntiefe ist = Modul × 2,167

Ueber die Größe des Fräser-Vorschubes pro Radumdrehung gibt die nächste Tabelle Aufschluß.

TABELLE 74.

Das Fräsen von Schneckenrädern nach dem Radial-Verfahren.

Modul	Vorschub p. Rad-Umdrehg. 1 fach mm	Vorschub p. Rad-Umdrehg. 2 fach mm	Modul	Vorschub p. Rad-Umdrehg. 1 fach mm	Vorschub p. Rad-Umdrehg. 2 fach mm
6	0,12	0,08	16	0,07	0,04
7	0,12	0,08	17	0,06	0,04
8	0,11	0,07	18	0,06	0,04
9	0,11	0,07	19	0,05	0,03
10	0,10	0,06	20	0,04	0,03
11	0,10	0,06	21	0,04	0,03
12	0,09	0,05	22	0,03	0,02
13	0,09	0,05	23	0,02	0,01
14	0,08	0,04	24	0,02	0,01
15	0,08	0,04	25	0,02	0,01

Beispiel 1 Schneckenrad aus Bronze Mod. 14, 30 Zähne, 1fach, nach dem Radialverfahren fräsen.
Der Durchmesser des Fräsers sei (Tabelle 73) = 120 mm,
Umdrehungen des Fräsers pro Minute = 40;
Zahntiefe = Modul × 2,16 = 30,3 mm.

Dann ist die Laufzeit in Minuten

$T = \frac{30 \cdot 30{,}3}{0{,}08 \cdot 40} =$	284 Min.
Einrichten der Maschine für 1 Rad ca.	60 „
Auf- und Abspannen des Rades ca.	18 „
	362 Min.

Auch nach diesem Verfahren sind die Räder ausnahmslos mit 1 Schnitt fertig zu fräsen.

Die in der Tabelle Nr. 74 gegebenen Vorschübe lassen sich bei Bearbeitung geigneten Materials an leistungsfähigen Maschinen noch etwas steigern, sind jedoch im entgegengesetzten Fall etwas zu verringern, je nach Schneidhaltigkeit des Fräsers.

IX. Das Bohren von Löchern auf der Bohrmaschine.

Die Berechnung der Laufzeit beim Bohren geschieht in derselben Weise wie bei der Dreherei, nur ist hier statt Drehlänge zu setzen Lochtiefe; demnach lautet die Formel:

$$\text{Zeit in Min. } T = \frac{d \cdot \pi \cdot l}{60 \cdot v_1 \cdot s} \text{ oder } T = \frac{l}{n \cdot s}$$

worin d = Lochdurchmesser in mm,
l = Lochtiefe in mm,
v_1 = Schnittgeschwindigkeit in mm/Sek.,
s = Vorschub pro Umdrehung,
n = minutl. Umdrehungszahl des Bohrers.

Die nächste Tabelle, Nr. 75, soll einen Anhalt bieten zur sachgemäßen Aufstellung von Lochbohrtabellen, wobei jedoch den jeweiligen Betriebsverhältnissen, wie Qualität der Bohrer und Bohrmaschinen, Rechnung zu tragen ist.

In Spalte 5 ist die Zeit für das Ein- und eventl. Ausspannen des Bohrers angegeben; ist nur 1 Loch zu bohren, so ist der volle Wert dieser Rubrik einzusetzen; sind dagegen 10 Löcher zu bohren, so kommt auf jedes Loch nur $^1/_{10}$ dieser Werte. In dieser Weise setzen sich die Werte der Spalte 9 zusammen.

Spalte 6 enthält die Zeiten für das eventuell mehrmals erforderliche Nachkörnen nach dem Kontrollriß, sowie die Zeit vom Ansetzen der Bohrerspitze bis zum vollen Schnitt.

Werden Löcher auf der Bohrmaschine nur vorgebohrt, z. B. in Maschinenteilen, die auf der Drehbank fertig ausgebohrt werden, dann kann der Vorschub um ca. 50 % gesteigert werden; außerdem fällt hierbei das Nachkörnen nach dem Kontrollriß fort; das Letztere trifft auch auf das Bohren in der Bohrlehre zu.

TABELLE 75.
Zeittabelle für das Bohren von Löchern in Stahlguß und Gußeisen
mittels Gußstahl-Spiralbohrer
bei einer Schnittgeschwindigkeit von 10 m/Min. = 166 mm/Sek.;
ohne Berücksichtigung der Aufspannzeit für das Arbeitsstück.

1	2	3	4	5	6	7	8	9
Loch Ø mm	Loch-tiefe mm	Vorschub p. Umdrehung. mm	Lauf-zeit Min.	Bohrer. einspan Min.	Nach-körnen n. Riss Min.	Bohrer mehrmals herausheben Min.	Gesamtzeit für 1 Loch n. Riss (einzeln) Min.	Gesamtzeit für 1 Loch n. Riss beim Bohren von 10 Löchern. Min.
10	25	0,11	0,71	0,5	0,5	-	1,71	1,26
10	50	0,11	1,42	0,5	0,5	0,25	2,67	2,22
10	75	0,11	2,13	0,5	0,5	0,5	3,63	3,18
10.	100	0,11	2,84	0,5	0,5	1	4,84	4,39
15	25	0,15	0,78	0,5	0,5	-	1,78	1,23
15	50	0,15	1,56	0,5	0,5	0,25	2,81	2,36
15	75	0,15	2,34	0,5	0,5	0,5	3,84	3,39
15	100	0,15	3,12	0,5	0,5	1	5,12	4,67
20	25	0,17	0,92	0,5	0,7	-	2,12	1,67
20	50	0,17	1,84	0,5	0,7	0,5	3,54	3,09
20	75	0,17	2,76	0,5	0,7	1	4,96	4,51
20	100	0,17	3,68	0,5	0,7	1,5	6,38	5,93
25	25	0,2	0,98	0,7	0,7	-	2,38	1,75
25	50	0,2	1,96	0,7	0,7	0,5	3,86	3,23
25	75	0,2	2,94	0,7	0,7	1	5,34	4,71
25	100	0,2	3,92	0,7	0,7	1,5	6,82	6,19
30	25	0,22	1,07	0,7	1	-	2,77	2,14
30	50	0,22	2,14	0,7	1	0,5	4,34	3,71
30	75	0,22	3,21	0,7	1	1	5,91	5,28
30	100	0,22	4,28	0,7	1	1,5	7,48	6,85
40	25	0,24	1,3	0,8	1,2	-	3,3	2,58
40	50	0,24	2,6	0,8	1,2	0,5	5,1	4,38
40	75	0,24	3,9	0,8	1,2	1	6,9	6,18
40	100	0,24	5,2	0,8	1,2	1,5	8,7	7,98
50	25	0,26	1,5	1	1,5	-	4	3,1
50	50	0,26	3	1	1,5	0,5	6	5,1
50	75	0,26	4,5	1	1,5	1	8	7,1
50	100	0,26	6	1	1,5	2	10,5	9,4

Beispiel: 1 einzelnes Loch bohren 30 mm Durchm., 75 tief in Gußeisen: $v_1 = 166$ mm/Sek., $s = 0{,}22$ mm.

$$T = \frac{30 \cdot \pi \cdot 75}{60 \cdot 166 \cdot 0{,}22} = \quad \ldots\ldots\ldots \quad 3{,}21 \text{ Min.}$$

Einspannen des Bohrers	0,7 „
Nachkörnen nach dem Kontrollriß	1 „
Mehrmaliges Herausheben des Bohrers und Entfernen der Späne	1 „
	5,91 Min.

Beispiel: Welche Zeit erfordert 1 Loch von 40 mm Durchm., 100 mm tief zu bohren, wenn im Ganzen 10 Löcher zu bohren sind?

$T = \frac{40 \cdot \pi \cdot 100}{60 \cdot 166 \cdot 0{,}24} = \ldots\ldots\ldots\ldots$ 5,2 Min.

Einspannen des Bohrers . . . . 0,08 „

Nachkörnen nach dem Kontrollriß . . . . . 1,2 „

Mehrmaliges Herausheben des Bohrers und Entfernen der Späne . . . . 1,5 „

7,98 Min.

Die nächsten Tabellen, Nr. 76—79, geben die für die Berechnung der Laufzeit erforderlichen Werte für Schnittgeschwindigkeit, Vorschub und Umdrehungszahlen an.

TABELLE 76.

Spiral-Bohrer aus Werkzeugstahl				Spiral-Bohrer aus Schnellschnittstahl			
Material des Arbeitsstückes	Festigkeit in kg p. mm²	Schnittgeschw. v in m/Min.	Vorschub für 10—60 mm Loch-Durchm. mm	Material des Arbeitsstückes	Festigkeit in kg p. mm²	Schnittgeschw. v in m/Min.	Vorschub für 10—60 mm Loch-Durchm. mm
Chrom-Nick.-Stahl	80	—	—	Chrom-Nick.-Stahl	80	9	0,08—0,24
do.	70	—	—	do.	70	10	0,1—0,3
Nickelstahl und Stahlguß	50—60	8	0,08—0,24	Nickelstahl und Stahlguß	50—60	12	0,12—0,36
Gußeisen und harte Bronze	—	10	0,1—0,28	Gußeisen und harte Bronze	—	15	0,15—0,4
S.-M.-Stahl Schmiede-Eisen*)	—	12 14	0,08—0,24	S.-M.-Stahl Schmiede-Eisen	—	18 20	0,12—0,36
Rotguß u. Messing	—	20	0,1—0,28	Rotguß u. Messing	—	30	0,15—0,4

*) Aluminium ist = Schmiedeeisen zu setzen.

TABELLE 77.

Umdrehungszahlen und Vorschübe für Spiralbohrer aus Schnellschnittstahl

beim Bohren von Löchern aus dem Vollen in

	Chrom-Nickelstahl		Chrom-Nickelstahl		Nickelstahl und Stahlguß	
Festigkeit in kg p. mm²	80		70		50—60	
Bohrer-Durchmesser in mm	Höchste Umdr.-Zahl p. Min. n	Vorschub p. Umdr. in mm	Höchste Umdr.-Zahl p. Min. n	Vorschub p. Umdr. in mm	Höchste Umdr.-Zahl p. Min. n	Vorschub p. Umdr in mm
8	360	0,08	400	0,1	475	0,12
10	286	0,08	320	0,1	385	0,13
12	240	0,09	265	0,12	320	0,14
14	205	0,1	228	0,12	274	0,15
16	180	0,1	200	0,13	240	0,16
8	160	0,12	177	0,15	212	0,18
20	145	0,13	160	0,16	182	0,2
22	130	0,15	145	0,18	174	0,22
24	120	0,15	133	0,18	160	0,22
26	110	0,16	122	0,2	141	0,24
28	102	0,16	114	0,2	137	0,24
30	95	0,17	106	0,21	127	0,26
32	90	0,17	100	0,21	120	0,26
34	85	0,18	93	0,23	112	0,28
36	80	0,18	88	0,23	106	0,28
38	75	0,2	84	0,25	100	0,3
40	71	0,2	80	0,25	96	0,3
42	68	0,2	76	0,25	91	0,3
44	65	0,22	72	0,27	87	0,32
46	62	0,22	69	0,27	83	0,32
48	60	0,22	66	0,27	80	0,32
50	57	0,23	64	0,28	76	0,34
52	55	0,23	61	0,28	73	0,34
54	53	0,23	59	0,28	71	0,34
56	51	0,24	57	0,3	68	0,36
58	49	0,24	55	0,3	66	0,36
60	48	0,24	53	0,3	64	0,36
	v = 9 m/Min. $n = \frac{2865}{\text{Bohrer-Durchm.}}$		v = 10 m/Min. $n = \frac{3200}{\text{Bohrer-Durchm.}}$		v = 12 m/Min. $n = \frac{3825}{\text{Bohrer-Durchm.}}$	

TABELLE 78.

Umdrehungszahlen und Vorschübe für Spiralbohrer aus Schnellschnittstahl

beim Bohren von Löchern aus dem Vollen in

	Gußeisen		S.M.-Stahl		Messing	
Bohrer Ø in mm	Höchste Umdrehungszahl pro Min. n	Vorschub pro Umdrehung in mm	Höchste Umdrehungszahl pro Min. n	Vorschub pro Umdrehung in mm	Höchste Umdrehungszahl pro Min. n	Vorschub pro Umdrehung in mm
8	600	0,15	715	0,12	1200	0,15
10	480	0,16	570	0,13	950	0,16
12	400	0,18	478	0,15	800	0,18
14	340	0,2	410	0,16	680	0,2
16	300	0,22	360	0,18	600	0,22
18	265	0,23	320	0,19	530	0,23
20	240	0,24	286	0,2	475	0,24
22	217	0,26	260	0,22	435	0,26
24	200	0,28	240	0,22	400	0,28
26	184	0,3	220	0,24	365	0,3
28	170	0,3	205	0,25	340	0,3
30	160	0,32	190	0,26	320	0,32
32	150	0,32	180	0,27	300	0,32
34	140	0,34	168	0,28	280	0,34
36	133	0,35	160	0,28	265	0,35
38	126	0,35	150	0,3	250	0,35
40	120	0,36	144	0,3	238	0,36
42	114	0,36	136	0,3	227	0,36
44	108	0,36	130	0,3	217	0,36
46	104	0,37	125	0,31	208	0,37
48	100	0,37	120	0,31	200	0,37
50	95	0,38	115	0,33	190	0,38
52	92	0,38	110	0,33	184	0,38
54	89	0,39	106	0,33	177	0,39
56	85	0,39	102	0,35	170	0,39
58	82	0,4	99	0,35	165	0,4
60	80	0,4	95	0,36	160	0,4
	v=15 m/Min. $n = \frac{4800}{\text{Bohrer Ø}}$		v=18 m/Min. $n = \frac{5750}{\text{Bohrer Ø}}$		v=30 m/Min. $n = \frac{9600}{\text{Bohrer Ø}}$	

TABELLE 79.

Umdrehungszahlen und Vorschübe für Spiralbohrer aus Werkzeugstahl

beim Bohren von Löchern aus dem Vollen in

	Gußeisen		S.M.-Stahl		Messing	
Bohrer Ø in mm	Höchste Umdrehungszahl pro Min. n	Vorschub pro Umdrehung in mm	Höchste Umdrehungszahl pro Min. n	Vorschub pro Umdrehung in mm	Höchste Umdrehungszahl pro Min. n	Vorschub pro Umdrehung in mm
8	400	0,1	480	0,08	800	0,1
10	320	0,11	382	0,09	640	0,11
12	265	0,13	320	0,1	530	0,13
14	228	0,14	275	0,11	456	0,14
16	200	0,15	240	0,12	400	0,15
18	178	0,16	212	0,13	356	0,16
20	160	0,17	192	0,14	320	0,17
22	145	0,18	174	0,15	290	0,18
24	133	0,19	160	0,15	266	0,19
26	123	0,20	146	0,16	246	0,20
28	114	0,21	136	0,17	228	0,21
30	106	0,22	128	0,18	212	0,22
32	100	0,22	120	0,18	200	0,22
34	94	0,23	112	0,19	188	0,23
36	88	0,23	106	0,19	176	0,23
38	84	0,24	100	0,2	168	0,24
40	80	0,24	96	0,2	160	0,24
42	76	0,24	91	0,2	152	0,24
44	73	0,24	87	0,2	146	0,24
46	69	0,25	83	0,21	138	0,25
48	66	0,25	80	0,21	132	0,25
50	64	0,26	76	0,22	128	0,26
52	61	0,26	73	0,22	122	0,26
54	59	0,26	71	0,22	118	0,26
56	57	0,27	68	0,23	114	0,27
58	55	0,27	66	0,23	110	0,27
60	53	0,28	64	0,24	106	0,28
	v=10 m/Min.		v=12 m/Min.		v=20 m/Min.	
	$n = \frac{3200}{\text{Bohrer } Ø}$		$n = \frac{3825}{\text{Bohrer } Ø}$		$n = \frac{6400}{\text{Bohrer } Ø}$	

Zum Schluß sei noch eine Tabelle zur annähernden Bestimmung der Aufspannzeiten an Bohrmaschinen gegeben.

TABELLE 80.

Zeiten für das Aufspannen und Ausrichten kastenförmiger Körper auf der Bohrmaschine.

Grundfläche ca. mm	Art des Aufspan		Höhe in mm							
			100	200	400	600	800	1000	1250	1500
100 x 100	I	Min.	2	2						
150 x 70	II	"	3	3						
200 x 50	III	"	4	4						
		kg	2,6	5,2						
200 x 200	I	Min.	3	4	5					
300 x 135	II	"	4	5	6					
400 x 100	III	"	5	6	7,5					
		kg	11	21	44			ohne	Kran	
								mit	Kran	
300 x 300	I	Min.	4	4	9					
450 x 200	II	"	5	5	11					
600 x 150	III	"	6	6	13					
		kg	23	47	92					
400 x 400	I	Min.	4	8	10	11				
600 x 275	II	"	5	10	12	14				
800 x 200	III	"	6	12	14	17				
		kg	42	82	164	250				
600 x 600	I	Min.	8	9	11	14	16			
900 x 400	II	"	10	11	14	17	20			
1200 x 300	III	"	12	13	17	21	24			
		kg	94	186	375	565	750			
800 x 800	I	Min.	9	11	14	17	19	22	24	26
1200 x 550	II	"	11	14	17	21	24	27	30	32
1600 x 400	III	"	13	17	21	25	29	33	36	39
		kg	165	330	660	1000	1300	1660	2100	2500
1000 x 1000	I	Min.	10	14	17	20	23	25	28	31
1500 x 700	II	"	12	17	21	25	28	31	35	38
2000 x 500	III	"	15	21	25	30	34	37	42	45
		kg	260	520	1040	1560	2050	2600	3250	3900
1500 x 1500	I	Min.	13	17	21	24	28	31	34	37
2250 x 1000	II	"	kommt wegen der Grösse nicht in Frage							
3000 x 750	III	"	19	25	31	36	42	47	50	55
		kg	580	1160	2300	3500	4700	5800	7300	8700

Das gerechnete Gewicht entspricht ungefähr ⅓ des Gewichtes voller Körper von denselben Abmessungen.

I = einfaches Aufspannen auf rohe oder bearbeitete Fläche ohne genaues Ausrichten.

II = Aufspannen und Ausrichten unter Benutzung eines Spannwinkels.

III = Auf rohe Flächen stellen und nach Riß oder bearbeiteter Fläche ausrichten. — desgleichen schwieriges Ausrichten infolge ungünstiger Form.

Von vorstehenden Werten sind einzusetzen:

Bei Anfertigung von	2—4	Körpern	70 %
„ „ „	5—10	„	60 %
„ „ „	11 u. mehr	„	50 %

Für jedes Umspannen sind 40 % der betreffenden Werte (Gruppe I—III) einzusetzen.

An dieser Stelle sei noch darauf hingewiesen, daß es zu falschen Resultaten führt, wenn man, besonders bei großen, schweren Arbeitsstücken, die Zeit für Auf- und Umspannen in der Weise berücksichtigt, daß man den Wert pro Loch um einen bestimmten Betrag erhöht, in welchem die Aufspannzeit enthalten sein soll; dies gibt stets ein falsches Bild der aufzuwendenden Zeit.

Ein Beispiel mag dies erläutern:

Es soll ein gußeisernes Gehäuse, das eine Grundfläche = ca. 1500 × 700 mm und eine Höhe = ca. 1000 mm hat, mit 10 Schraubenlöchern je 40 mm Durchm. × 75 mm tief versehen werden. Nach Tabelle 75 erfordert jedes Loch 6,18 Minuten, welche Zeit bei einem Stundenverdienst von 75 Pfg. einem Akkordpreise von 7,7 Pfg. pro Loch entsprechen würde.

Es ist nun durchaus falsch, die Aufspannzeit in den Preis pro Loch hineinzukalkulieren und dementsprechend den Lochpreis um einen oder mehrere Pfennige zu erhöhen; schon aus dem Grunde, weil dieser Zuschlag bei geringer Lochzahl verhältnismäßig hoch und bei großer Lochzahl erheblich niedriger sein muß, stets aber auf ungenauer und gefühlsmäßiger Schätzung beruht.

Richtig wird die Rechnung nur nach folgender Aufstellung:

Ein Arbeitsstück von oben angegebenen Abmessungen erfordert nach Tabelle 80

Gruppe I eine Aufspannzeit = ca.	25 Min.
10 Löcher 40 mm Durchm. × 75 mm tief bohren nach Tabelle 75 = ~	62 „
Gesamtzeit	87 Min.

Bei jedem Arbeitsstück ist dann noch zu überlegen, wie oft es umgespannt werden muß; die in einer Stellung zu bohrenden Löcher sind für sich zu berechnen und ist dabei zu beachten, daß der Wert pro Loch um so mehr zu reduzieren ist, je größer die Zahl der in einer Stellung zu bohrenden Löcher ist.

Beispiel für vollständige Bearbeitung.

Aus einem Abstich von SM-Stahl 130 mm Durchm., 255 mm lang, soll eine 2 teilige Hülsenkupplung nach Fig. 72 S. 154 angefertigt werden.

Die Bearbeitung geschieht in dieser Reihenfolge:

1. Vorbohren auf der Bohrmaschine; 2. in Längsrichtung aufschneiden auf der Fräsmaschine mittels Kreissäge; 3. Teilflächen nachfräsen; 4. Bohrung auf dem Horizontalbohrwerk ausdrehen; 5. beide Außenkonen und Stirnseiten auf der Drehbank fertig drehen.

1. Vorbohren auf der Bohrmaschine:

Senkrecht aufspannen	2 Min.
1. Seite ca. 130 mm tief bohren, 43 mm Durchm. . .	9,5 „
Umspannen	1 „
2. Seite durchbohren 43 mm Durchm.	9,5 „
	22 Min.

2. In Längsrichtung aufschneiden:

Im Schraubstock der Fräsmaschine einspannen, Tab. 11, S. 29	4 Min.
1. Seite aufschneiden, Wandstärke ca. 43 mm. Vorschub der Kreissäge pro Minute nach Tab. 54, S. 116 = 4 mm;	
Laufzeit in Min.: $T = \frac{250 + 30 \text{ (Auslauf)}}{4} = 70$.	70 „
Umspannen für die 2. Seite	3 „
2. Seite aufschneiden; Laufzeit = 1. Seite	70 „
Abspannen	3 „
	150 Min.

3. An beiden Hälften die Teilflächen nachfräsen:

1. Hälfte aufspannen nach Tab. 11, S. 29	4,5 Min.
1 Schlichtschnitt genügt hier, nach Tab. 46, S. 105, beträgt bei einer Flächenbreite = 125 mm der minutliche Vorschub 39 mm, demnach ist die Laufzeit in Min.	
$T = \frac{250}{39} = \sim 6{,}5$	6,5 „
Abspannen	2 „
	13 Min.
Die 2. Hälfte gleichfalls	13 „
	26 Min.

4. Die Bohrung auf dem Horizontalbohrwerk ausdrehen mit 4 Schnitten:

Aufspannen und Ausrichten nach Tab. 42, S. 94 . .	11	Min.
1. Schnitt: $v = 12$ m/Min., $s = 0{,}5$ mm, $n = 76$		
$T = \frac{255}{76 \cdot 0{,}5} = \sim 6{,}7$	~ 7	„
2. und 3. Schnitt: $v = 15$ m/Min., $s = 0{,}5$ mm, $n = 96$		
$T = \frac{255 \cdot 2}{96 \cdot 0{,}5} = \sim 10{,}6$	11	„
Schlichtschnitt: $v = 13$ m/Min., $s = 0{,}3$ mm, $n = 83$		
$T = \frac{255}{83 \cdot 0{,}3} = \sim 10{,}2$	10	„
4 mal Schnitt anstellen und messen	15	„
Stähle schleifen und einspannen	10	„
Kupplung abspannen ca.	6	„
	70	Min.

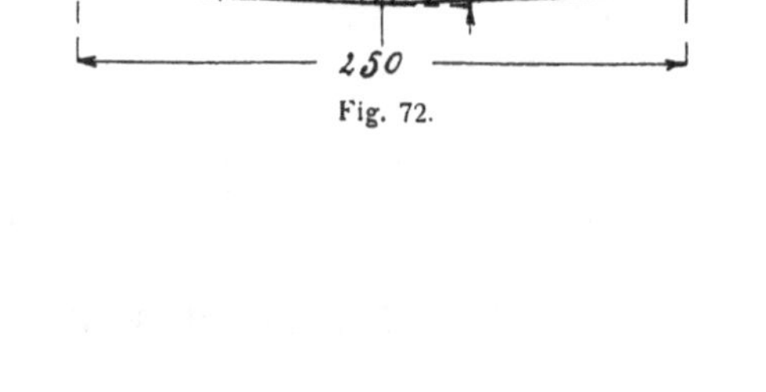

Fig. 72.

5. Kupplung auf dem Dorn mit 4 Schnitten außen fertig drehen auf einer Drehbank mit einer Spitzenhöhe = ca. 250 mm . . . . , 5 Min.

Aufspannen nach Tab. 32, S. 80	5 „
Mehrarbeit durch Aufbringen der Spannschelle, die die beiden Hälften zusammenhält	9 „
Tab. 25, S. 53, gibt für den 1. Schnitt eine Schnittgeschwindigkeit = 13 m/Min. an; bei $v = 13$ m/Min. ist $n = \sim 34$, s sei = 0,6 mm; Laufzeit für den 1. Schnitt in Min.:	
$T = \frac{255}{34 \cdot 0,6} = 12,5$	~ 13 „
2. und 3. Schnitt: $v = 17$ m/Min., $s = 0,6$ mm, $n = 45$.	
$T = \frac{255 \cdot 2}{45 \cdot 0,6} = 19$	19 „
Schlichtschnitt: $v = 15$ m/Min., $s = 0,3$ mm, $n = 40$.	
$T = \frac{255}{40 \cdot 0,3} \sim 21$	~ 21 „
Für das Ausprobieren der konischen Supportstellung	15 „
Für das Passendmachen beider Konen nach Lehre .	20 „
Für mehrmaliges Umwechseln der Schelle	15 „
Beide Stirnseiten nach Maß abflächen, je 3 Schnitte: $v = 11$ m/Min., $s = 0,4$ mm, mittlerer Durchmesser = 80 mm, Flächenbreite = 30 mm, $n = 44$; Laufzeit für 3 Schnitte in Min.	
$T = \frac{30 \cdot 3 \cdot 2}{44 \cdot 0,4} = \sim 10$	10 „
ca. 14 mal Schnitt anstellen und messen	20 „
Stähle schleifen und einspannen	10 „
ca. 8 mal zwischen den Spitzen umspannen	10 „
	167 Min.

TABELLE 81.*)

Übersichtliche Aufstellung der Schnittge-

	Material	Chrom-Nickel-stahl	Chrom-Nickel-stahl
	Festigkeit in kg per mm²	80	70
	Größe der Maschine bezw. Art der Operation	Schnitt	
Hobel- und Stoßmasch.	Langhobel-Maschinen Hublänge bis 2 m . . .	6—7	6,5—7,5
	„ „ 4 „ . . .	5,5—6,5	6—7
	„ „ 8 „ . . .	5—6	5—6,5
	Shaping- u. Stoßmasch. „ „ 500 mm . . .	6—7	6,5—7,5
	„ „ 1000 „ . . .	5—6	5—6,5
Drehbänke	Schruppen lang	7	8
	„ plan	6	7
	Sauber schlichten lang	7	8
	„ „ plan	6	7
	Bohren mit Kanonenbohrer	5	5
	Drehen mit Façonstahl	5	5
	Gewindeschneiden mit Stahl	5	5
Revolverbänke	Schruppen	9	11
	Schlichten	10	12
	Gewindeschn. mit Gew.-Bohrer, -Schneideis.	2,5	3
	Façondrehen	6	7
	Aufreiben mit Reibahle	4,5	5,5
Horizontal-Bohrwerke	Schruppen lang	6	7
	„ plan	5	6
	Schlichten lang	6	7
	„ plan	5	6
Fräsmaschinen	Lang und plan schruppen	8	9
	„ „ „ schlichten	9	10
	Rundfräserei schruppen	8	9
	„ schlichten	9	10
	Zahnräder; Teil- und Abwälzverfahren . .	10	11
	Schneckenräder		
	Schnecken		
Bohrmaschinen	Bohren mit Spiralbohrer	9	10
	„ „ Spitzbohrer	6	7
	„ „ Bohrstange und Messer . . .	5—6	6—7
	Aufreiben mit Reibahle	4,5	5,5
	Gewindeschneiden mit Gewindebohrer . .	2,5	3

*) Siehe Erläuterungen auf Seite 158.

TABELLE 81

schwindigkeiten für Schnellschnittstahl.

Nickel-Stahl und Stahlguß	Nickel-Stahl und Stahlguß	Gußeisen und harte Bronze	S-M-Stahl	Schmiede-Eisen und Alumin.	Weiche Bronze	Rotguß und Messing
60	50					
geschwindigkeit in m/Minute						
7—8	7—9	7—9	9—10	9—10	9—10	9—10
6—7	6,5—8	6,5—8	8—9	8—9	8—9	8—9
5—6,5	6—7	6—7	7—8	7—8	7—8	7—8
7—8	7—9	7—9	10—18	10—18	12—25	12—25
5—7	5—8	5—8	8—16	8—16	10—23	10—23
9	10	11	13	15	25	30
7,5	8,5	9,5	11	13	21	25
10	11,5	15	15	17	30	30
8,5	10	13	13	15	25	25
5;5	6	6,5	7.5	9	12,5	15
6,5	7,5	8	8	9	15	19
5.5	6	6,5	7,5	9	12,5	15
13	14	15	20	24	30	35
15	16	18	23	28	35	40
3,5	3,5	4	5	6	7,5	9
8	9	10	13	16	20	24
6,5	7	8	10	12	15	17
8	9	10	12	13	22	25
7	8	8,5	10	11	19	23
10	11	13	13	15	27	30
9	9,5	11	11	13	23	25
10—11	13	15	17	20	25—30	35—40
11—13	16	19	21	25	30—38	40—50
10—11	13	15	17	20	25—30	35—50
11—13	16	19	21	25	30—38	40—50
11—12	12—13	16	13—16			
		13 resp. 15				
			15			
12	13,5	15	18	20	25	30
8	9	10	12	13	16	19
6,5—8	7—8,5	7,5—9	8—10	9—11	12—16	14—19
6,5	7	8	10	12	15	17
3,5	3,5	4	5	6	7,5	9

Erklärungen zur Tabelle 81.

Bei den Angaben über Hobel- und Shapingmaschinen gilt der geringere Wert für die kürzeste, der größere Wert für die größte Hublänge. Der Zusammenhang ist bereits auf S. 25 erklärt und beruht darauf, daß bei kurzem Hub trotz verhältnismäßig großer Hubzahl die Schnittgeschwindigkeit doch gering bleibt. Für diese Tabellenwerte, die natürlich nur Durchschnittswerte sein können ist vorausgesetzt, daß die harten Materialien auf langsam laufenden, die weicheren dagegen auf schneller laufenden Maschinen bearbeitet werden.

Beim Fräsen von Schneckenrädern bezieht sich die Angabe — 13 m/Min. — auf Gußeisen, — 15 m/Min. — auf Bronze.

Beim Ausbohren mittels Bohrstange auf der Bohrmaschine gilt der geringere Wert für große Schnittbreiten, der hohe Wert für geringere Schnittbreiten bei sonst gleichem Vorschub; wird z. B. ein Loch von 90 mm fertigem Durchmesser nur auf 34 mm vorgebohrt, dann beträgt beim Aufbohren die Schnittbreite für das Bohrmesser $= \frac{90 - 34}{2} = 28$ mm; ist das Loch jedoch auf 60 mm vorgebohrt, dann ist die Schnittbreite $= \frac{90 - 60}{2} = 15$ mm. Für SM-Stahl würde also im ersteren Fall eine Schnittgeschwindigkeit von 8 m/Min., im letzteren Fall von 10 m/Min. in Frage kommen.